HOW DO PEOPLE
WITH HIGH EQ
HANDLE AFFAIRS

苏乞儿 / 编著

高情商的人
如何做

海豚出版社
DOLPHIN BOOKS
CIPG 中国国际出版集团

图书在版编目（CIP）数据

高情商的人如何做 / 苏乞儿编著. –– 北京：海豚
出版社，2020.5

ISBN 978-7-5110-4983-4

Ⅰ.①高… Ⅱ.①苏… Ⅲ.①情商—通俗读物 Ⅳ.
①B842.6-49

中国版本图书馆CIP数据核字(2019)第250307号

高情商的人如何做

苏乞儿　编著

出 版 人	王　磊	
责任编辑	李文静	
特约编辑	崔云彩	
装帧设计	安　宁	
责任印制	于浩杰　蔡　丽	
出　　版	海豚出版社	
地　　址	北京市西城区百万庄大街24号	
邮　　编	100037	
电　　话	010-68325006（销售）　010-68996147（总编室）	
印　　刷	北京金特印刷有限责任公司	
经　　销	新华书店及网络书店	
开　　本	880mm×1230mm　1/32	
印　　张	8.875	
字　　数	160千字	
版　　次	2020年5月第1版　2020年5月第1次印刷	
标准书号	ISBN 978-7-5110-4983-4	
定　　价	49.80元	

序

所谓情商，其本质就是一个人识别、表达自己及他人的情绪，激励自己并且处理和他人关系的能力。简单来说，就是在人际交往过程中处理好自己和他人的关系的能力。

著名心理学博士丹尼尔·戈尔曼认为情商主要包括以下内容：

（1）正确地识别、评价和表达自己的能力；

（2）处理人际关系，调控与他人的情绪反应；

（3）调节、控制情绪的能力；

（4）自我激励，有明确的自我意识。

高情商的人是人群中最受欢迎的人。他们可以流畅表达自己的观点和需求，懂得设身处地地换位思考，从而实现相互滋养的合作共赢，对局面有掌控，对未来有余地，对他人有宽容心。所以，与人相处时，他们始终让人有如沐春风之感。

演员黄渤虽然相貌并不出众，但多才多艺、演技过人，不管是参加综艺节目，还是接受采访，他总会因为幽默又得体的表现赢得满堂喝彩，堪称娱乐圈高情商的代表。

有一次，当红小生黄子韬在受访时，边上有一个人说他长得像黄渤，他有些难堪，粉丝们注意到这一幕，纷纷吐槽。黄渤在接受记者采访时，被问及对此事的看法，只简单地回应了一句："我觉得他们应该有这样一个努力的方向。"瞬间将尴尬化为无形。还有一次，黄渤参加《鲁豫有约》节目，主持人鲁豫问他："现在觉得自己特别火了吧？"他回答说："《鲁豫有约》都来了，能不火吗？"一句话，把鲁豫、自己、节目夸了个遍。

不管是在什么行业，做什么工作，真正高情商的人，人际关系和事业都不会太差。当然，高情商者不但会说话，更善于做事，尤其在职场中，他们会表现出较强的情绪管理能力、组织管理能力、解决问题的能力。所以，高情商的人做事靠谱，且工作做得高效、漂亮。

一般来说，在做事的过程中，高情商者身上会体现如下几大特征：

（1）能够控制、管理自己的情绪；

（2）善于解读对方的情感和意图；

（3）能够换位思考，做事能够照顾他人感受；

（4）充满正能量，浑身散发着快乐、热情；

（5）善于维系亲近的关系，也能保持独立和自我；

（6）能主动获取，并深刻理解对方的反馈；

（7）善于鼓励和夸奖他人；

（8）口碑好，人脉层次高。

在我们的身边，其实有很多这样的人，他们也许生活水平不高，事业做得不是很大，也经常为一些世俗的事情烦恼，但是，他们身上始终散发着一种强大的吸引力。和他们在一起，我们感受到的不是他们的悲观、叹息、愁绪，而是对这个世界的乐观和希冀。即使你的心情非常糟糕，在高情商者面前，也会深受感染，并感受到生活的美好。

可以说，高情商的人做事，始于分寸，勤于细节，成于实力，终于人品。他们更能赢得身边人的信任和倚重，这样的人，不但运气更好，走得更远，而且也是值得身边人珍惜的贵人。

目 录

CONTENTS

第一章

照顾好自己的情绪，用情商干掉压力

第四章

说好两难的话，开口要让人舒服

第五章

做事要有分寸感，权衡利弊知进退

第六章
看破不点破，能装会演不穿帮

第七章
做事留有余地，记得给人面子

第八章

麻烦别人，言行举止要透着高情商

第九章

看到别人的美好，给他想要的认同感

第十章

不要为了合群，逼自己做"烂好人"

第一章
照顾好自己的情绪，用情商干掉压力

　　情绪是复杂的，它有时涉及身体的变化，有时涉及有意识的体验及对外界事物的评价。而情绪失控则是一种低情商的表现。你以自己所不欣赏的方式消极地对待与你的愿望不相一致的现实，所以，每当你失去理智时，你很难控制好自己的情绪，更不能圆满地做事。

性格不好，其实就是情商不够

情商，是很多人都会谈到的一个词。大家普遍认为，情商高就是会说话、会沟通，长袖善舞、八面玲珑，这些都不是情商的本义。所谓的情商，其实主要是指人在情绪、意志、耐受挫折等方面的品质，是由 5 种特征构成的：自我意识、控制情绪、自我激励、认知他人情绪和处理相互关系。

也就是说，情商指的是自身可控情绪，以及所展示出的意志力，是可以通过后天培养的看待事物的一种能力。如今，在快节奏的生活中，高情商的人越来越占据主导地位，因为他们更懂得如何恰如其分地维持人际关系，获得他人的肯定和支持，从而获取更多的机会。

和"情商"一样，"性格"也是一个相对笼统的概念，但归根结底就是处理"情绪"和"人际关系"的能力。这样的能力在社会交往中极为重要。

小刘性子直、脾气大，做事风风火火，眼里容不得沙子，看到不顺眼的人与事，总是管不住自己的嘴。经常与他相处的人都知道他的这种性格，所以，大家也就不在意他的一些"过激"言语。但是，在与陌生人打交道，或出席一些活动时，他的这种性格给他带来了不少麻烦。

有一次，领导带他去见一位客户。见面后，大家寒暄的时候，聊到了一些关于孩子的问题。这位客户的孩子今年读高三，他说："孩子今年要参加高考了，他不打算考国内的大学，我打算送他到国外读大学。"领导顺势说："能培养出这么优秀的孩子，你的功劳真是不小。"

小刘接过话茬问："打算到哪个国家，读什么学校？"

客户说："想上美国的××大学。"

小刘不假思索，脱口而出："哇，这所大学我有所耳闻，我以前有个同事，他的孩子就是上的那所大学，听说也是民办的。"

领导想打断他，他意犹未尽，接着说："现在好多中国家长都把孩子送到国外，不了解国外情况的人，还以为是孩子多了不起，其实，都是些三流的、民办的、不入流的学校……"

客户一脸的不高兴，但还是说："你说得没错，现在的家长都是望子成龙啊。"

领导赶忙说："小刘就会瞎说，你说的是国内的情况，你没出过国就不要胡扯。"

小刘还要反驳："我说的是实情啊，你不信可以……"

领导说："这样吧，你先给王总打个电话，问下中午咱们到哪儿吃饭。"

这才把小刘的嘴给堵上。事后，领导批评他说话没脑子，当着客户的面说那些不中听的话，情商太低了。

在这个故事中，小刘说话不看场面、不经大脑，给客户留下了不好的印象。说话太耿直，就是一种低情商的表现。

性格决定命运，而决定性格的则是情商！很多人所说的性格不好，其实就是情商不够。在竞争激烈的社会中，情商也是决定一个人能力的重要因素，它的重要性甚至远超你的专业技能，会影响你的一生。仔细想想看，在你的周围，是否有这样一种人，他们没有过人的才能、出众的外表，但是处处受人欢迎，同事都愿意与他们结交，领导也很赏识他们，而且，他们总是能把握住一些别人把握不住的机会。

究竟你与他们的差距在哪里？凭什么他们就会这样走红运，而你只能走"背"字呢？是因为他们的能力比你强吗？不一定！

有人说自己说话直，容易得罪人；有人说自己性格内向，不善与人交往；有人说自己呆板，脑子不活络；有人说自己敏感多疑，不相信任何人……其实，这些看似是性格问题，实则都是情商问题。一个高情商的人，总是会表现出良好的性格特征，同样，从一个人在不同场合，对待不同的人与事时表现出的性格特征,也可以看出他的情商。比如,有些公司在招聘员工时,对学历、资历的要求不是很高,但是,对性格的要求却很明确,如必须"性格开朗""具有合作精神""吃苦耐劳"等,因为具有这种性格特点的人,往往情绪比较稳定。所以说,这些公司不是在招聘好性格的员工,而是在招聘高情商的员工。

性格与情商一样,都是可以改变的。许多人都善于和陌生人聊天,但是这种能力不是与生俱来的。其实,他们当中有不少人性格是比较内向的,但是这些人通过不断地充实自己、改变自己,让自己成为社交达人。所谓的内向和外向,其实只是他们获得信息后处理信息方式的不同。他们喜欢的表达方式不同,对环境的反应能力也不同,这并不是判断情商高低的标准。

控制好自己的情绪,是高情商的体现

如果说智商决定你的聪明程度,那么,情商会决定你的人生高度。懂得控制自己情绪的人,不仅能让坏的情绪得到释放,而且与人相处时,能让人觉得很舒服,这样的人,才是高情商的人。

如今,很多人都会感慨:"感觉自己的情商真的太低了，越来越难混了。"虽然我们不知道在他们身上究竟发生了什么，能让他们产生如此的感慨，但是我们大概知道，他们认为的高情商，就是不抱怨、不指责，说话做事让人舒服，能游刃有余地应对难堪的局面，处理事情的手段比较高明……其实，这些都没有错。

情商的本质就是一个人管理自己与他人的情绪的能力。情商不是与生俱来的，它可以通过后天的培养，不断得到提升。也就是说，每个人都有机会成为高情商的人。

朱女士在一家公司任职多年，算是一名老员工了。但是，她的职位始终没有发生变化，一直做销售。和她一起入职的员工，有的获得加薪升职，有的被调到了更有发展前景的岗位。为此，她也找领导聊过，得到的答复是：这个岗位也缺不了你啊，再说，不管到哪里，在什么岗位，都是在为公司做贡献嘛。其实，朱女士清楚，自己之所以原地踏步，主要是因为性格问题。她是一个不拘小节的人，性格耿直，说话心直口快，所以，经常因为管不好自己的嘴而得罪同事，或引起别人的误解。尤其当她遇到不开心的事时，总是喜欢把坏情绪带到工作中。

有一次，公司接到客户的投诉，领导就让她去处理一下。她打电话给客户时，客户抱怨了几句，她有点不服，于是有些激动地说："你这个人怎么这么不讲理啊，公司都说要给你补偿了，你还在抱怨，再说，这件事也不是由我引起的,你凭什么对我发脾气?"然后就怒气冲冲地挂了电话。

客户也不依不饶,向公司投诉了她。事后,领导批评了她。这让朱女士感到很委屈:这原本不是自己的分内工作,却要被客户无端指责,被领导批评,一句理解的话也听不到,自己凭什么来当这个受气包?

有好几次,她都想辞职,但是冷静下来后,又觉得问题出在自己的性格上,即使辞职了,到了新的环境,还会遇到同样的问题。于是,她开始学着控制自己的情绪。经过一年多的努力,她的情绪控制能力得到了很大的提升,这时她发现,许多事情没有她想象的那么糟糕,而且,她也如愿获得了晋升。

每个人都会有情绪,但是情商高的人,都会很好地管理自己的情绪。故事中的朱女士的业务能力很强,但是始终得不到领导的青睐,主要是因为她经常带着情绪工作,不但影响了公司与客户的关系,也影响到日常的工作氛围。当她做出积极的改变后,大家再也看不到她的坏情绪带来的消极影响,加之她的能力出众,获得晋升也是理所当然的事。

一个人不管能力有多强,都一定要学会管理自己的情绪。

如果不善于控制情绪,就很难掌控自己的生活与工作。相反,一个能力平平的人,如果他的情商很高,善于控制自己的情绪,做事非常理性,那么也能过上自己想要的生活。有句话,"弱者易怒如虎,强者平静如水",说的正是这个道理。

如今,我们不讲暴力,而讲究情商与脑力。不管做什么,如果总是带着情绪,总是感性大于理性,最终很难取得预期的结果。真正有能力的人,都有过人的情商:认为自己是对的,觉得没必要产生情绪;认为自己是错的,觉得没资格发脾气。一个能管理好自己情绪的人,凡事都会比较顺利,即便出了差错,也能将损失降到最低,而不会将精力与时间白白浪费在情绪的泥沼中。

轮不到拼智商,更要拼情商

我们都相信,凭借过人的学习成绩与智商,将来一定会找到一份好工作,有更好的发展前景,过上比别人更好的生活。而且,老师、家长常常也是这么激励我们的。

但许多人从"象牙塔"走出来后却发现:眼前的世界并不像自己想象的那样简单,只靠一张文凭不一定能闯天下,走哪都能吃得开。毕竟,这不是一个完全凭借智商就能取胜的时代,能处理好与领导、同事、客户之间的关系,能高情商地做事,才是更重要的。所以,如果我们情商不足,会发现人生处处都是失意，甚至觉得人心都是险恶的。

　　一个人要成长，首先要在情感上成熟起来，更确切地说，就是要提升自己的情商。情商低的人，不善于管控自己的冲动，当一系列的问题摆在他的面前时，他永远只会做一件事：把责任统统推给别人。如此，他便可以自欺欺人，达到释怀的目的，但永远不会成长。认为自己永远是对的，而不去反省，不去改变，远离你的人只会越来越多，而你遇到的所谓不公待遇、奇葩遭遇也会越来越多。

　　为什么有的人在学校是尖子生，进入社会后却"泯然众人"，碌碌无为？

　　为什么面对困难和烦恼，有的人轻松愉快，若无其事；有的人情绪沮丧，无精打采？

　　为什么有的人在任何环境下都能很好地适应，而有的人只因环境的稍微调整，就显得无所适从呢？

　　知名企业家李开复说："大家都认为，在高新技术企业中，领导的智商很重要，但实际上，情商的重要性超过了智商。"

　　新东方总裁俞敏洪说过："新东方的选人标准绝对不是看他的智商有多高，而是看他是否能够做好自己的事情，是否认可企业的文化，是否有较好的社交能力。"

　　许多功成名就的人，其实也没念过多少书，或在大学期间成绩也不怎么出众，但是，他们能辗转于各个社团之间，能和许多优秀的人成为朋友，能掌控越来越多的资源。

与其说这是个人魅力，不如说是一种高情商的表现。相反，有的人在学校是"学霸"，走入社会，适应能力却很差，也是因为情商不足。

A毕业于一所专科学校，在遍地都是本科生的今天，他的学历确实弱了一点。他来到北京后，好长时间才在一家教育培训机构找到一份网管的工作，底薪2000元。他踏实能干，脑子很灵活，人也特别勤快。来公司一年多了，口碑很好，领导也很器重他，还给他加了薪。后来，领导发现A非常善于处理人际关系，而且情商很高，于是就开始让他尝试去做一些项目。由于A的人缘、能力都不错，也很会来事儿，没过多久，就为公司拉来一个大单。于是领导决定让他放手去干，还为他配了两个下属。结果，他只用了三个月的时间，就做了其他人一年的业务。当然，他很快又升了职。三年的时间，他连升三级，直接做到了市场部总监的位置。大家对他的评价是：热心肠，有人情味，办事能力强，没有他搞不定的人。

可见，是金子到哪里都会发光。从领导对他的器重及同事对他的评价不难看出，A确实是一个情商高手，这也是许多成功人士共同的特质。他们也许没有过人的才智，但是做事让人感到舒服、放心，很会与人相处，从不咄咄逼人，也不刻薄。

美国一家很有名的研究机构调查了 188 个公司，测试了每个公司的高级主管的智商和情商，并将每位主管的测试结果和该主管在工作上的表现联系在一起进行分析。结果发现，对领导者来说，情商的影响力是智商的 9 倍。

当然，凡事没有绝对。综观我们身边的人，你很少会发现一个人智商很高，情商却很低。一般来说，智商过人的人能够快速阅读自己和他人，以及身处的场景，并做出自己的回应：如果你对他重要，他自然会高情商地对待你。

毕竟，我们大多数人都不是天才，如果只凭智力，你也许只能领先别人一点点。只有拼情商，你才可能在竞争中脱颖而出，才能突破人生的瓶颈。如果你不会带着情商做事，很难取得成功。

不要为自己的坏情绪埋单

在社会压力越来越大的今天，很多人提出要管理好自己的时间，其实，管理好时间的第一步是要管理好自己，管理好自己的第一步是控制好自己的情绪。要高效、快速地完成一件事情，必须有稳定的情绪。一个不善于掌控自己情绪的人，在受到委屈、被冤枉，或面对挫折时，怎么才能走出逆境呢?

有句话,大意是说,一个拥有良好情绪的人,整个世界都会成为他的礼物;而拥有坏情绪的人,经常会为自己的一念之差埋单。高情商的人,非常善于控制、调整自己的情绪,他们很少会为自己的坏情绪埋单。

现实生活就像一条正弦波,有波峰,就有波谷。我们有时候会为一个愿望的达成而兴奋不已,也会为家人、朋友遇到的好事而开心;有时候会因为一件小事而斤斤计较,也会为自己的失意而伤心难过。这都是情绪在起作用,许多情况下,支配、控制我们情绪的不是别人,正是我们自己。

一次,小莉和男朋友去一家饭店吃饭。让她有点意外的是,男朋友竟然点了她并不喜欢吃的清蒸鱼和开水白菜。

她一脸的不高兴,心想:"真是太不体贴了!你明知道我不喜欢吃这些菜,却非要点,如果你真在乎我的话,至少也要征求一下我的意见啊,说明你根本不在乎我。"

小莉越想越生气,吃饭的时候,也不和男友多说一句话。

吃完饭,她质问男朋友,而男朋友说:"我们去那家饭店的时候,已经过了饭点,我之所以没有点你喜欢吃的麻辣口味的菜,是因为我担心你的肠胃。"

得知男朋友的良苦用心后,她才发现,当时男朋友"不体贴"的行为背后，隐藏着一份深深的爱。

许多人都有过类似的经历。当别人表现出的某种行为不符合我们的预期，我们总是会猜测对方是怎么想的，对自己的态度发生了哪些变化，并且会刻意放大我们的一些偏见。这个时候，我们就会产生一种坏情绪。带着这种坏情绪，再去处理与他人的关系时，结果可想而知。

可以说，生活中99%的坏情绪都与情商有关。许多时候，是我们的偏见、固有观念，以及无端的猜忌，滋生了坏情绪。再简单不过的一个例子是，吃饭的时候，父母习惯往你碗里夹菜，生怕你吃不好。你的第一反应是什么？肯定不是理解与感动，而是不耐烦。

一个人，如果感受不到生活中的美好，感受不到身边的人对自己的爱与关心，遇到事情总是想到消极的一面，或是曲解别人的意图，那他怎么能快乐起来呢？他的生活只能是一团情绪。

有一名年轻人，毕业于国内一所名校，业务能力也很强，但是在每家公司都干不长。他说自己不善于应酬，也很讨厌职场上的是是非非，今天说这个领导人品不行，明天说那个老板太没品位。总之，看谁都不顺眼。有时，同事和他开一个玩笑，他会觉得被嘲笑了，发誓与其断交。有时，老板对他的工作提出一点建议，他认为，老板对他有意见，于是就有了辞职的想法。一年下来，他换了三四份工作，不管离开哪家公司，原因都只有一个：这里的人让我很不爽。

现实生活中，许多人都与这位年轻人一样，他们很少反省自己，也很难看到别人的优点，每天，他们身体里产生最多的就是坏情绪，仿佛整个世界都在与他作对。如此，把生活过成一团情绪，让混乱不堪的情绪控制了自己的思想和身体，那靠什么去赢得更好的生活？

一个人不管有多么聪明，多么富有，多么有地位，在他愤怒的一瞬间，他是非理性的。如果在这个时候，还要去做一些决策，很可能会错上加错。面对问题，要先控制好自己的情绪，再去寻求解决的办法。就像行走江湖的侠客，在遇到对手时，要靠精湛的剑术去打败对手，而不是因自己一腔无能为力的情绪而被对手超越。赢了，我们拍拍尘土，继续向前；输了，不要气馁，爬起来继续修炼。而不是被情绪控制，停滞不前。

高情商的人，不是没有烦心事，不是没有压力，也不是活在真空中，他们之所以知性、开朗、乐观，是因为他们善于管理自己的情绪。不管遇到什么事，他们总是能控制不良情绪的产生，即使有了不良情绪，也知道如何正确地宣泄。

不反刍痛苦，扫去心头的阴霾

"悟以往之不谏，知来者之可追。"这是东晋诗人陶渊明《归去来兮辞》中的一句，大意是：过去已经消逝在时光的长河之中，不管再怎么悔悟，也无法弥补过去留下的遗憾和曾经犯过的错误，当下能做的只有一件事，就是在未来的岁月里努力把事情做好，不要让遗憾和错误再次发生。

明代著名的文学家曹臣在其著作《说典》中讲了这样一个故事：

东汉大臣孟敏年轻的时候曾卖过甑。一次，他的担子掉在地上，甑被摔碎了，他头也不回地径自离去。有人问他："坏甑可惜，何以不顾？"孟敏十分坦然地回答："甑已破矣，顾之何益。"是的，甑再珍贵，再值钱，再与自己的生计息息相关，可它被摔破已是无法改变的事实，你为之感到可惜，心疼如焚，顾之再三，又有什么益处呢？

你是一个因为犯了错误而深深自责、无法摆脱错误困

扰的人吗？你会为了一朵枯萎的玫瑰而暗自神伤、不知所
措吗？

人在日常生活中，用不同的心态去看问题，得到的答
案也不尽相同。我们无法改变已经发生的事实，但是我们
能尽力改变这一事情产生的结果。假如你整天惦记着那破
碎的"玻璃杯"，心里就会留下阴影，从而无法摆脱心中
的懊悔，郁郁寡欢。这无疑给自己的人生增添了更多的烦
恼和痛苦，也容易给自己在工作和生活中造成更大、更多
的失误。

很多事情错过了，无法重来，但是可以想办法弥补。
因此，当你的工作遇到挫折、失败时，请学会对自己说：
"不要紧，希望还在，我要做的是学会从失败中反思，然
后再次鼓足勇气去努力。"正如印度诗人泰戈尔曾说过的：
"如果你在错过太阳时流了泪，那么你也要错过群星了！"
面对错过的，坦然接受，振作精神，鼓起勇气，淡忘这点
微不足道的失意吧。

小张被同事戏称为"操心哥"，他每天心里会装许多
事，不管在路上还是办公室遇到他，他都是一副若有所思
的样子。

确实，他的烦心事很多。他快30岁了，还没有结婚，
爸妈每天都在催，一想到父母急着抱孙子的心情，他就
感到心烦意乱。平时，工作上出了什么差错，也是长时

间不能释怀，说起来就唉声叹气。因为总是心事重重，所以他的工作效率很低，为此，领导找他谈过几次话，希望他能以一种平和的心态投入工作。没想到，这更加重了他的心理负担，让他更没有了工作的状态。最后，公司只好劝退他。

按理说，小张是一位老员工了，应该能够调整好自己的情绪，积极地面对工作与生活。但是，由于他喜欢反刍痛苦，时常把自己沉浸在烦恼中，所以，整个人都在负重前行，看上去心事重重。正如同事对他的评价那样："这世上，有的人缺爱，有的人缺钱，我还没见过像你这样缺烦恼的！"

低情商的人有一个特点，就是喜欢反刍痛苦，曾经的不愉快、挫折，时常会引起他们痛苦的回忆，并且，他们会把这种痛苦投射到当下的生活中。比如，某一个人伤害过他，他会念念不忘，不管对方对他有过怎样的恩情，身上有多少闪光点，他都视而不见，而只会放大对方的缺点。即使对方再优秀，他也不会给予正面的评价。

如果一个人总是以这种心态去看待身边的世界，那他永远只能活在痛苦中，因为没有谁生来就能确保自己不受到任何伤害。人生不如意事十之八九，没有一种好的心态，习惯反刍痛苦，注定会一直生活在痛苦的阴影中。

捷克作家米兰·昆德拉曾在其名著《不能承受的生命

之轻》中说道："因为人的生命只有一次，我们既不能把它同以前的生活相比较，也无法使其完美之后再来度过。"其实，他所想要表达的意思是，每个人的生命都是一场"现场直播"，谁都没有彩排的机会，所以谁都会不可避免地犯下错误。如果我们不能果断地关上身后的门，那我们只能在屡次的反刍痛苦中消耗掉宝贵的生命。

生命最大的魅力不在于结果，而在于过程。凡是沉溺在过往痛苦和明日烦恼中的人，都有程度不一的"结果综合征"，这种对结果的偏执让他们无法认真体会生命的每一分每一秒，自然也无法从中得到任何乐趣。他们渴望得到幸福和快乐，却时常事与愿违，频繁尝到痛苦和烦恼的滋味。

重压之下学会调整自己

有个商人让他的骆驼驮了很重的货物，他对同伴炫耀说："伙计，你瞧我的骆驼多能干啊！"同伴说："你的这匹骆驼是很能干，可它也已经驮到极限了，你看它的腿在哆嗦呢，我敢保证，如果再加一根稻草，就足以将这个可怜的家伙压垮了。"商人很不服气，说："尊敬的伙计，你也太小瞧我这匹骆驼了，你看它威猛无比，我就不信一根稻草就能将它压倒。"同伴说："那就见证一下吧。"说着同伴捡起一根稻草，往骆驼背上轻轻一放，这匹看上去很强壮的骆驼果然轰然倒下。

这则寓言故事对面临巨大压力的现代人来说，具有很强的启发意义。压力是每个人都会面对，也都需要承受的，虽然不可避免，但可以管理。如何梳理自己的情绪，调控我们的压力，也是我们应该学习的一堂情商课程——唯有学会减压，才能轻松上路。

一个人若是长久地在压力下生活、工作，将对他的心理与生理健康产生极大的损害。但现实情况是，我们必须要长久地面对各种生活与工作压力，如找工作、友情危机、单位绩效考核等。于是有些人会选择逃避压力，有些人则选择将就，其中大多数人不善于调整自己的情绪。

那重压之下，该如何调整自己，轻装再出发呢？

一、进行 10 分钟积极的思考

思考也能调整心态。如果你整天都在想一些不愉快的事情，即使遇到开心的事，你也很难高兴得起来。快乐也是一天，不快乐也是一天，为什么不让自己过得快乐些呢？事实证明，如果你习惯思考一些积极的问题，那么你更容易变得快乐。

A女士曾经因为事业不顺利而患上了抑郁症，整天吃不香，睡不好，她也先后找过几次心理医生，但是医生开出的"处方"大都没有什么疗效。加之公司效益一天不如一天，A女士不堪重负，甚至想到了自杀。后来，一位生意场上的朋友为她支了一招——每天做10分钟积极的思考。起初，她觉得这很荒谬："这只是一种心理暗示，它真的有用吗？"

当她坚持做了一周后，效果逐渐显现出来了。原先，她每天都在想如何摆脱眼前的困境，问题越是得不到解决，她心里的压力越大，根本没有时间去想开心的事。而现在，她每天起床后做的第一件事，就是尽可能去发现生活中的美好，如可爱的孩子、无忧无虑的小狗等，这样一来，她会逐渐让自己放松下来。时间久了，她便发现生活中有许多原本值得快乐但却没有被发现的事物。当她领悟到这一点后，那些心头的忧虑也就开始逐渐消退。

所以，她每天会带着轻松的心情去工作，带着快乐的心情去生活。不到一个月的时间，她就从抑郁中解脱出来，事业也开始蒸蒸日上。

积极的思考可以给人一种积极的暗示，它可以抵消心里的一些忧愁。每天花10分钟时间去想象一下生活中的美好，你很可能会发现一个不一样的自己。

二、听 10 分钟欢快的音乐

有一项实验证明，人在心情不好的时间乘车，容易晕车。如果在乘车时，听一些欢快的音乐，将会有效避免晕车。其实这也是一种心理暗示。比如，在工作比较累的时候，可以暂时放松一下，听一首自己喜欢的音乐，可以有效缓解精神疲劳。

有一家 IT 公司很特别，老板非但对员工没有太严格的要求，而且"纵容"员工在上班期间的一些出格行为。如，员工可以将双腿搭在桌子上工作，也可以哼着小曲、嚼着口香糖敲键盘。在工作间歇，老板还会为大家放一些轻松的音乐。老板说："我会尽可能为员工创造一种宽松的工作氛围，因为他们都在从事富有创造性的工作。"

相对来说，这种工作氛围远比那些死气沉沉的环境更有助于释放员工的精神压力。所以，在你感到压力较大的时候，也可以效仿这个方法，让自己欣赏一段欢快的音乐，来调整一下精神状态。

三、做 10 分钟舒展的运动

最常见的释放压力的办法就是大吼大叫，这种方式不但伤身，还会给人带来消极的情绪。相对而言，做舒展运动是一种更好的方法。在压力来临时，如考试、面试前，可以做一些运动，以通畅自己的呼吸，调整自己的心态。

除此之外，平时要保持一种好心态，尤其在小事上，不要计较得失，多看到事情乐观积极的一面。还有就是，要有好的神情，不要整天都阴着脸，把坏心情写在脸上。当然了，心中有了不良情感要及时宣泄，不要整天憋在心里，可以多与朋友交流。尤其是在重压之下，要学会更多地去感受生活中积极、阳光、温暖的元素，让自己尽早从压力中解脱出来。

没有人欠你的，莫苦大仇深

仔细观察，你会发现不少年轻人工作没几年，脸上仿佛随着骨感现实，世事沧桑，不自觉地会带上苦大仇深的表情，紧锁的眉头，紧绷的脸部肌理，不知道聚焦何处而显得淡漠的眼神。这些人有一个共同的特点，就是看不惯身边的人与事，凡事喜欢"喷"几句。愤世嫉俗却又媚俗，而这些愤怒又是十足的无能与低情商的表现。

如果说嫉妒别人的努力所获，无视别人的付出，并给自己的不努力找借口，多少也算人之常情，那刻意欺骗自己，把自己臆想成不公正的牺牲品，从此让自己生活在悲愤的心态中，就是愚者之虑了。

陈君肯吃苦，心善，性格平和，助人为乐。他乡下有个姐姐，家境不算好，他便把姐姐的小孩接到城里读书，供吃供喝供学费。孩子也聪明好学，陈君颇为喜爱。有一次，老师打来电话让他过去，见面就问了些让人摸不着头脑的问题，眼神很怪异。他心粗，也没多想。一次，他检查孩子作业时，发现孩子写的一篇作文，才知道发生了什么。孩子在作文中写道：……这个社会太不公平，我舅舅一天什么也不干，却吃香的喝辣的，舅妈每天就知道逛街，有花不完的钱……

陈君心里有些堵：你这个小没良心的，什么叫有花不完的钱，什么叫一天什么也不干？你舅舅我都快"累成狗"了！他真想揪过孩子来问个明白，又怕伤到孩子。

一个孩子缘何会产生这种"畸形"的想法？定是受到了大人的感染。现在，社会上有很多人都有仇富心理，见不得别人过得更好，在看待一些问题时，思想偏激，执意扭曲，甚至会夹杂着仇恨。

陈君也不是什么"土豪"，就是个普通的、每天朝九晚五的上班族，接孩子过来，也是想为姐姐提供些力所能及的帮助。但孩子却不领这份情，咬定他"一天什么也不干"，却"有花不完的钱"，这难道不是一种不公吗？

如果说，对方只是个孩子，还不太懂事，受大人的影响，难免会产生这种心理。但是，对于许多成年人来说，他们也用同样的心态来看待身边的人与事，那就是情商的问题了。

对一个成年人来说，当他内在世界越宽阔、越丰富时，他对世界的接纳能力就越强，他对世界的批判与愤怒就越少，就越不需要用他的"苦大仇深"来与世界对峙。

这个世界没有人欠你的，不要一副"苦大仇深"的样子，成功做人做事既要靠实力，也要靠情商。只有实力没有情商，不行。再者，没有情商，哪来的实力？在现实生活中，大凡有能力的人，都是情商高手。表面上看，他们有资源，有关系，其实背后是个人的实力。许多时候，这种实力也是情商的象征。

没本事还好事，还见不得别人有本事、做成事，这不只是"苦大仇深"，更是十足的情商低。不努力不是错，很多人不都这么得过且过，活得不也悠闲自在，无事一身轻吗？但不努力偏又愤世嫉俗，就是大错特错了。天还是一样的天，地还是一样的地，打拼不出自己的一片天地，就把别人的成功归结为运气好、人品差，把自己的无能归结为人善良、不会阿谀奉承，好像天底下只有自己老实，所有人都不该享受他们的生活，必须受到惩罚，这未免太过偏激、无知。

每个经济地位居于你之上的人，都有比你更努力的付出。他们没抢走你任何东西，你的所获，只与你的智慧、付出成正比。若本身缺少智慧，还要为自己找借口，那就是你的错了——不是上天对你不公平，而是你在用悲愤的心态折磨自己。

对于生命而言，许多时候，眼见未必能为实，许多时候，伤害并不是来自他人，而是来自我们的期待、我们的经验、我们自己对待世界的方式。

对别人的轻视，生穷气不如争气

有个成语叫"恼羞成怒"，被人无情羞辱，只要是有自尊心的人都会愤怒，但问题是，愤怒过后你会做什么。通常，低情商者的做法是：马上报复，以牙还牙。高情商者的做法是：暗自争气，来日让羞辱自己的人无地自容。

尤其当我们有一些成就的时候，往往会遭到身边很多人的嫉妒，甚至诽谤，这是正常的。"怎么嫉妒我呢？""怎么诽谤我呢？""怎么伤害我呢？"都是凡夫，没有什么可大惊小怪的，只要自己不为这些动心，不要因此而烦恼，不去跟他们一般见识就可以了。有人嫉妒你，有人诽谤你，也说明你有一些成就，这样更应该对自己树起自信。

每个人的一生之中，都会面对"宠"与"辱"。虽然自古以来就有"宠辱不惊"的说法，但"宠"毕竟能让人高兴，而"辱"却让人不大舒服，甚至让人怀恨在心，伺机报复。在对待"辱"这一关乎自己尊严和脸面的问题时，人和人的表现是不一样的，有人可以神情自若，泰然处之；有人却咽不下恶气，甚至以命相搏。

采取极端的手段报复固然可以解一时之气，但为此付出的代价却是惨痛的，结局只能由自己去承担，这只能说是莽汉之举，绝非大丈夫所为。

在被人羞辱的名人当中，汉初名将韩信可能是最具雅量的。据《史记·淮阴侯列传》记载，韩信年轻的时候整天游手好闲，拿着一把家传的宝剑到处闲逛，穷到被洗衣服的婆婆施舍的地步。一天在大街上碰到一伙纨绔子弟，他们逮着韩信便寻开心了。其中一个恶少说道："你要么拿着宝剑把我杀了，要么从我的裤裆下钻过去。"韩信没有说什么，当着众多看热闹人的面便从恶少的胯下钻了过去，在旁观人的哈哈大笑中，韩信消失在了众人的视野当中。

二话没说就从别人的胯下钻过去，这种奇耻大辱又有几个人能忍受？在当时的情况下，韩信要么抽出宝剑杀人而被官府捉拿，或者被恶少群殴，要么只能接受别人的这一羞辱。如果韩信选择了前者，那么历史上可能就没有"韩信用兵，多多益善"的传奇名将了。

韩信经受住了这一关乎自己前途的严峻考验，并且为他后来建功立业奠定了忍辱负重的思想基础，也正应了那句至理名言："大丈夫能屈能伸。"

人世多磨难，有志之士决不会在困厄羞辱中忧心忡忡、动摇信心。他们深深懂得环境越艰苦，条件越恶劣，越能磨炼人的忍耐力，造就战胜困难的强者。正如孟子所说："天将降大任于斯人也，必先苦其心志，劳其筋骨，饿其体肤，空乏其身，行拂乱其所为，所以动心忍性，曾益其所不能。"

我们都知道汉代伟大的历史学家司马迁忍辱发愤的动人事迹：司马迁因触怒汉武帝，受宫刑下狱，这是常人难忍受的屈辱，他几次想死，但三思之后，想到那些逆境中成就伟业的先贤圣哲，他经过18年的艰苦奋斗，终于完成了划时代的巨著——《史记》。

由此可见，受辱之时不改其志，才有东山再起的机会，并最终会造就属于自己的辉煌。"知耻近乎勇"，把自己所受的耻辱变为鞭策自己前进的动力，才会为日后的成功开拓出道路。

高情商者在面对他人的讥讽、诋毁，甚至刻意的中伤时，会保持好自己的精神状态，微笑面对，有则改之，无则加勉。轻视可以打击自己，也可以激励自己，承认自己的不足，把心思放在改变自己的事情上，才是正途。

爱讥讽、戏弄别人的人，往往知道对方遭到戏弄时会有什么反应，因而对待不同的人，他们的态度也不一样。如果你和他们预料的一样，遭到戏弄就会生气，那么他们就会欺负你，想方设法取笑你；如果你对他们的戏弄无动于衷，这些人反而会觉得欺负你没意思，便不再找你麻烦了。

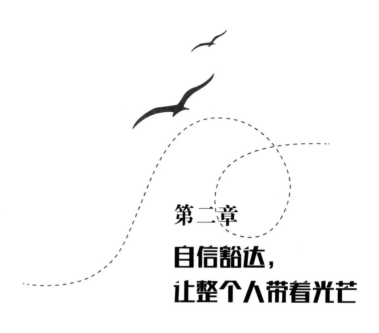

第二章
自信豁达，
让整个人带着光芒

人生一世，草木一春，没有人在生命的所有季节里不受到一丝严寒酷暑、风霜雨雪的侵袭。快乐，痛苦，失望，忧伤，都是一次一次选取的阅历，一次一次人生的体验。只要不失去自信，推开窗，窗外的天空永久是一片蔚蓝。

永远不要做消极的假设

在现实生活中，不少人都活在假设里。我们往往会用假设来做出预设判断，然后根据假设的判断，来决定自己当下的行为。如此，我们的头脑中就容易产生偏见，行为就会出现偏差。

比如，你在人际交往中曾受过一些挫折，不能说："如果当初我不与这种人交往，事情就没有这么坏。"其实，重要的不是之前，而是以后，更何况问题未必就出在别人身上。低情商者在经历挫折或生活过得不如意时，往往认不清问题的根源所在，只会凭空做许多消极的假设。这种做法非但不会产生任何积极的作用，反而会让自己变得更消极、自卑。

周小姐参加了一个英语培训班。有时老师不按时上课，大家就坐在一起闲聊，她觉得这是在浪费时间。私下，她向朋友抱怨这个班上的老师不专业，没有时间观念。朋友对她说："你为什么不向这家培训机构反映这位老师的情况？"

她说："他们肯定不会管啊！""为什么？"周小姐给出了一大堆理由，最后得出的结论是：多一事不如少一事，反正你也改变不了什么。

周小姐这种思维，就是典型的用自己的观念推断别人的事情，然后对这个推断信以为真，连反映问题的想法也打消了。

我们往往不自觉地活在假设里，经常会浮想联翩，"假如……如果……万一……"虽然这都是头脑制造出的一个又一个烟幕弹，但我们还是特别相信。

其实只要安心把自己的事情做好了，别人有什么反应，那是别人的事。等到对方有了反应，再去应对就是了，为什么现在就要做那么多假设？让未知的一切影响现在的行为和心情，实在是一种低情商的表现。

不要活在假设里，世界上没有那么多"如果"，也没有那么多"应该"，更没有那么多"万一"，我们面对的只有呈现出来的结果。仔细想一想，在生活与工作中，至少有一半的问题是我们假设出来的。你现在可以拿纸和笔把困扰你的问题记下来。像朋友不理解你的好意；别人不够尊重你；自己说话惹得别人不高兴……事实未必如此，你之所以这么认为，是因为你想得太多，更确切地说，是你总是把结果假设得太"坏"。

高情商者能就事论事，坦然面对圈子中的一些人与事，而且他们的心智很成熟，给予别人的理解也更多。所以，你想活得轻松快乐，拥有很好的人际关系，就永远不要去做消极的假设。

一、不想"如果"，多想"如何"

现实生活中，许多假设都是不成立的，建立在这种假设基础之上的判断都是臆断，那就不要跟自己过不去，习惯性地去做一些假设，"假设我能更努力一些""假设这个事儿晚发生一天""假设不告诉他是怎么回事"……假设来假设去，最后发现，问题还是无解。

多想如何，就是以诚恳、务实的态度来分析、解决眼前的问题，不虚构情节，不猜忌别人，这样反而会打开你的心结，开阔你的思路。

二、多些理智，少些情感

当你不相信一个人的时候，不管他说什么，你都会给他一个假设，"他习惯说假话，这话我能信吗"，但或许这次他说的就是真话。这就是说，当你的理智战胜不了情感，带着惯性思维去待人接物时，难免会陷入自我的圈子。觉得这个人好，他说什么都觉得好；觉得这个人差劲，看他什么都不顺眼。

如何用理智战胜情感？除了靠心智外，就是尽可能少地去假设别人，他说什么，你暂且相信他，然后通过自己的分析判断再去确定他为什么要这么说，是出于善意，还是出于某种需求。

三、少些开脱，多直面问题

一个人能不能被人接纳，他做事的态度非常重要，比如，这个人什么都好，就是怨气很重，不论发生了什么事，都首先会想到是别人的错，那这个人让人接纳起来就有些困难。许多人人缘差，就是因为喜欢挑别人身上的毛病，常使身边真正关心他、真正爱护他的人很受伤。

在科研活动中，假设是一种重要的论证方式，但在现实生活中，这未必就是一种正确的行为模式，原本没有的事，你总是在臆想，总是在假设，就会人为地为自己设置许多障碍，让自己很堵心，最终越假设越消极。很多人都会犯这样的错误。要知道，假设总是基于过去，就像彩票开奖后，你假设："如果当初把3改成5就中奖了。"其实这种假设没有任何意义，而低情商者平时所做的大多数假设都属于这种情况。

面对困境，告诉自己"我能行"

当小孩摔倒的时候，有的妈妈会飞快地跑过去把他抱起来，安慰他："宝贝，疼不疼？不哭哦，妈妈在呢！"有的妈妈则会冷静地站在一旁，为他加油打气："宝贝，自己站起来，你行的！"在妈妈的鼓励下，原本正准备咧嘴大哭的孩子晃晃悠悠地站了起来，向对他张开双手的妈妈走去。

毫无疑问，后一种妈妈的做法是值得肯定的，因为她没有剥夺孩子自我成长的机会，也有助于培养孩子的高情商。

生活在这个世界上，我们会遇到各种困难，也会遭受各种不幸，没有人能保护我们一辈子，我们必须学会自己拯救自己。其实，那些从困境中走出来的人并没有三头六臂，他们和我们一样都只是普通人，如果非要说出区别，那唯一的区别就是他们比我们更懂得鼓励自己。任何时候，他们都不曾选择气馁，他们总在暗暗地告诉自己"我能行"，正是这种适当的积极的自我期待和自我鼓励，最终使他们冲破黑暗的阻挠，成功地驶向光明的彼岸。

告诉自己"我能行"是一种激励，也是一种自信，更是一种高情商的表现。大凡成功的人，在做事的过程中会体现出一种较高的情商，这与他们的自信心不无关系。自信，是一种积极的心理暗示，从心理学的角度看，积极的信念对个人的行为有着重大的影响。当我们觉得自己能行时，我们就会竭尽全力地付诸行动，促使结果朝我们想要的那个好的方向发展。

　　1982 年 1 月，美国人史蒂文·卡拉汉独自驾着自己建造的小船穿越大西洋，6 天后，小船在途中沉没，他只能靠一个仅 1.5 米长的救生筏在海上漂流。

　　当时，救生筏上只剩下 3 斤食物、4 升水、1 个太阳能蒸馏器和 1 支自制的矛。很快，所有的食物都被吃光了，所有的水也被喝光了，卡拉汉近乎绝望。幸运的是，救生筏上还有蒸馏器和矛，卡拉汉不停地为自己打气，他尝试着用蒸馏器将海水变成饮用水，用矛来捕获可以果腹的鱼。卡拉汉的救生筏在海上漂流了两个多月，大约 2898 千米，其间，他一直在和死神做抗争，当他被渔民救起时，他的体重已经下降到令人无法相信的程度，用"骨瘦如柴"和"形容枯槁"来形容一点儿都不为过。

　　后来，卡拉汉向人们讲述他一路的艰辛和苦难，他说自己既要承受严重的晒伤，还要不断地和凶残的鲨鱼做斗争。最让他痛苦的是，唯一的救生筏还被扎破了，他不得不拖着虚弱的身体，花了一个多星期去修理，最后实在没有办法，他只能耗尽所有的力气去吹它，而他所做的这一切，都是为了能活下来。

很多人问他，你在海上漂流了整整 76 天，难道没有一刻想过要放弃吗？

对于这个问题，卡拉汉并没有做出回答，不过他在自己的回忆录《漂流：迷失大海 76 天》中写道："我告诉自己我能行。比起别人的遭遇，我算是幸运的。我一遍又一遍地对自己这样讲，好让自己坚强起来。"不能说卡拉汉没有过一点恐惧，然而，恐惧只是一时的，生存的决心和对自我的鼓励给他带来了源源不断的力量，他相信自己一定能行，一定能克服难关活下去。

卡拉汉坚信自己能活下去，为此他会调动全部的潜能，结果，他成功地活了下来。如果他告诉自己"我要完蛋了"，而且沉浸在巨大的恐惧、无助、自卑当中，那他就可能放弃一些必要努力与尝试，结果可能真的会完蛋。在这期间，除了求生的本能之外，卡拉汉得以幸存的关键在于他处变不惊的情商。

有的人双目失明都能出书，有的人双耳失聪还能奏乐，有的人双腿残疾却能环游世界……有多少人天生就是一帆风顺的幸运儿呢？比我们更不幸的人比比皆是，可他们之中很多人都活出了自己的光芒，与其说这是奇迹，不如说是高情商的结果！奇迹不是天上掉下来的免费午餐，它需要我们每一个人给予自己信心，自始至终都要为自己鼓劲加油，不放弃，不悲观，昂首阔步往前走！

荆棘满布的人生需要鼓励，而鼓励不全是别人给的，我们也能给自己鼓励。遇到挫折时，许给自己一个希望，美好的希望能帮助我们排除前方路上的一切障碍，激励我们向着美好的未来前行。除此之外，我们还可以用语言来暗示自己，要知道，肯定的语言能给人带来强大的力量。当我们经常对自己说"我能行，我真棒，我一定能做到"时，我们就真能做到一些看似不可能的事。

别给自己贴无谓的标签

人天生就有分类的倾向，而贴标签可以用最快的速度将人和事归类，因而它是我们认识世界、进行社会交往最便捷的手段之一。这是人类"模式识别"的本能。另外，人处理信息的能力是有限的，通过捷径和特定规则来了解他人，可以节省时间和精力等资源。

所以，在现实世界中，大家都喜欢给自己贴标签，其中包括"我很弱智""我不讨人喜欢""我的情商很低"等负面的标签……其实，没有人是天生的赢家、天生的情商达人。一个胡乱给自己贴标签的人，注定会束缚自己的手脚，扼杀自己的理想。

我们这一生，最不应该被锁住的就是自己，更不应该给自己贴上所谓的"标签"。我们想要过怎样的生活，想拥有怎样的人生，想追求怎样的事业，或者想要走一条怎样的路，都不必给自己设限，更不必用"我能力有限""我不善交际""我这么呆板"等这些标签作为自己止步不前的理由。真正的自我认可，都是从不给自己贴标签开始。给自己贴标签，相当于自我蒙蔽。

刘爽多年前认识一位朋友，此人性格比较内向，并且经常和他说："我的性格不开朗，应该怎么追女生？"

刘爽深知他追不到女生的原因，是因为他不爱说话，内心深处拒绝和别人深度交谈，甚至跟他多年的朋友，也很少推心置腹。

于是，刘爽告诉他："脸皮厚一点儿，胆子大一点儿，当然也要学会表现，主动点儿，不能不说话。"

一段时间后，他问对方进展如何。对方说："一点也没有进展。"

"电话打了吗？"

"没有。"

"礼物送了吗？"

"没有。"

"约出来吃饭了吗？"

"没有。"

刘爽有些不解，问："为什么？"

他说："因为我是个内向的人啊！"

是谁规定，内向的人不能追女生？总给自己贴标签，是一种自我蒙蔽。这个世界上最可怕的就是像刘爽朋友这样的人，他们常常用圣人的标准衡量别人，用庸人的标准要求自己。

其实，类似的事情在职场中也很常见。有些人总是自我标榜：我就是什么样的一种人，或我身上有什么样的特性。言外之意是，你应该了解我，你应该懂我，现在出了事情，你又来找我的麻烦，之前你干吗去了。如此，为自己找了一个开脱的理由，还怪对方明知故犯，不解人情。

低情商的人经常会表现出这种做事的逻辑。比如，一个人因为一点小事跟同事大发雷霆，整个公司的人都看着他对别人发难，气氛难堪。这已经不是他第一次向别人发难了，甚至他自己也不知道是第几次跟别人发难。发难完后，他望着尴尬的办公室同事，说："不好意思，我就是这么一个人。"说完，扬长而去，把所有的问题都丢给对方。

当一个人拒绝改变时，往往就会给自己贴标签：我就是这么一个人。然后潜意识地告诉你，我拒绝改变。这是个十分可悲的思路，这些人坚定地认为：人一旦被贴了标签，比如内向、爱发怒，就永远是这样的人了。

如果一个人习惯给自己贴上某种标签，那么他便会自动地按照这种标签给出的特性生活，久而久之，他就变成了这样的人。

有些人情商比较低，在人际方面遇到难题，或得罪了他人时，会自我开脱说："我这个人情商低。"其实是想说，我对自己的评价还不错，只是为人不够圆滑，说话比较直，所以总是处理不好与他人的关系。如果他一而再，再而三地以此作为借口，来为自己开脱，而不去反省自己在处理人际关系时犯的错误，那他永远也认不清真实的自我，永远也没法改变自己。

高情商的人，每天都在改变，每天都在追求进步。改变和进步才能铸就一个人的成功。而那些不停地说"我就是这么一个人"的人，忘记了，口乃心之门户，总这么说，自己的大脑就真信了。然后标签贴在身上，就再也撕不下来了。

人最可怕的不是给自己贴标签，而是贴了标签就把自己牢牢地控制在标签中，从此，生活圈子越来越小，活成了一个狭隘的人，还自豪地跟别人说："我就是这样一个人啊！"的确，人一旦被贴上某种标签，就会成为标签所标定的人。

因此，一个人不仅不要给自己的人生贴上无谓的标签，还要撕下别人给自己贴的标签。一旦被贴上了某个标签，并认同这个标签，就会被它贴得更牢固，并且去做任何事时，都可能有意无意地去强化这个标签。

不要活在别人的世界中

我们从小受到的教育，被灌输的观点，或一些不愉快的经历，使得我们总是怀疑自己，总是需要通过一次次的成功来证明自己，需要通过外界的反馈才能认可自己，我们就这样一直活在别人的眼光里，用别人的标准来衡量自己，而没有自己的标准，无法去正视自己。

周国平先生说："被人理解是幸运的，但不被理解未必不幸。一个把自己的价值完全寄托于他人的理解上面的人往往并无价值。"个人立身处世，可以在意别人的评价和看法，把别人的意见当成自己的一面镜子，有则改之，无则加勉；但是，如果太在意别人对自己的看法，就会患得患失，迷失自我。人生毕竟是自己的人生，别人的建议可以作为参考，但不应该成为自己心中的坐标。

有一个年迈的老人留了一尺多长的雪白胡子，人人夸他的胡子好看，老人很是得意。有一天，老人在门口散步，邻居家 5 岁的小男孩好奇地问他："老爷爷，您这么长的胡子，晚上睡觉的时候，是把它放在被子里面呢，还是放在被子外面？"听到这么一问，老人还真不知该怎么回答，因为他从来没有想过这个问题。

晚上睡觉的时候，老人躺在床上突然想起白天小孩子的问话。他先把胡子放在被子的外面，感觉很不舒服；他又把胡子拿到被子里面，也是一种说不出来的别扭。就这样，老人一会儿把胡子拿出来，一会儿又把胡子放进去，折腾了一宿，还是感觉不舒服。老人很纳闷，以前在睡觉的时候，究竟胡子是放在被子的外面，还是里面？他失眠了。

第二天一大早，正好碰到邻居家的那个小男孩，老人生气地说："都怪你，闹得我昨晚没睡成觉。"

小男孩一脸迷茫。

其实，生活中有很多这样的现象。别人无意间的一句话、一个眼神、一个动作，会让我们难以释怀，心中久久不能平静。更有甚者，有的人心思太重，几个同事在说话，当他进来的时候，同事们突然不说了。这个人就想，他们肯定是在说我的坏话，于是心中愤愤然，一天乃至几天不高兴。

说到底，出现这种问题的原因是内心不够强大，情商不够高。真正内心强大的人，会活在自己的世界里，而不是活在别人的眼中和嘴上。

在现实生活中，绝大部分人太过在乎他人的眼光。别人认为你穿着不时尚，没有品位，于是你便开始整日研究时装，购买最新、最时尚的衣服鞋帽；别人认为你为人不够大气，你便特地给大家买礼物，请客吃饭……如此活在别人世界里的人不计其数，仅仅为了别人无心的一句话，他们便开始惶惶不安，甚至有针对性地改变。表面看来这是为了让自己更加完美，但殊不知，谁都无法做到人人喜欢，所以，又何苦因为他人的一言一行而苦恼呢？

40多岁的老赵是一家知名企业的中层管理人员，每天早晨，当他衣冠楚楚地去上班时，常常会听到类似"赵经理，去上班啊"的招呼声，这让他很有面子。在别人眼中，老赵是一位典型的成功人士，在单位中是领导，在生活上虽然算不上大富大贵，但也衣食无忧。为了博得他人的夸奖和艳羡，老赵十分注意一家人的外在形象，哪怕是妻子上街买菜，也得穿得体体面面才能出门，而且买菜绝对不能去菜市场，那多掉价啊，去超市才勉强算符合身份。

但是，天有不测风云。因为公司要进行内部改革，老赵被解雇了。之后，他开始四处找工作，但能够找到的都是一些基层的工作岗位，而他又放不下架子，所以整天都窝在家里。每天早晨，他还是和往常一样打扮得衣冠楚楚站在小区里，俨然领导模样。当别人询问他的工作状况时，他常常会嗤之以鼻，对在基层上班的人们十分不屑。

由于太爱面子，他放不下曾经的"领导"生活，为了继续维护成功人士的良好形象，为了堵住悠悠众口，他开始整日在大街上游手好闲，每天早晨打电话给那些做生意发财或有一官半职的故交老友，看看能否混上个饭局。到了傍晚赴约的时候，他便西装革履地出门了，直到深夜大醉而归。

每当妻子和相熟的人问起，老赵总是扬扬得意地回答："我和一个资产上亿元的朋友谈了点生意。"

现实生活中，像老赵这样活在他人世界中的人有许多。他们越是想维护自己的面子，就越是会失去尊严。故事中的老赵就是因为太在意别人的眼光和看法，所以宁愿过紧巴巴的日子，也绝不放下身段去解决眼前的困难，为了维护在妻子、孩子和朋友们心中的"成功人士"形象，为了不失面子，他不惜天天混饭局而全然不顾全家人的生活。已经丢失了人格尊严的老赵在别人眼中再有面子，也不过是虚伪的假象，是彻底的自欺欺人。

不带任何感情色彩的镜子和水都不能反映真实的自己，更何况人的评价？所以，不要活在别人的世界中，不要太在意别人对你的评头论足。老子说："圣人抱一为天下式。"你我虽不是圣人，但不妨守住心中的真理，任尔东南西北风，我自岿然不动。这才是一个高情商者应有的超然。

接纳自己，超越自卑

心理学中，自卑是一种性格上的缺陷，它表现为对自我的能力评价偏低，因而使人忧郁、悲观、孤僻，总觉得自己不如人，总感到别人瞧不起自己。他们事事回避，处处退缩，不敢抛头露面，害怕当众出丑。这些消极的心理状态，本身就是低情商的典型表现。

在公司的选题策划会上，领导问："谁来第一个说说想法？"其实你已经为此准备了许久，也有自认为不错的点子，却迟迟不敢开口说话，你告诉自己"等等，别做第一个"。终于有人发言，你如释重负，却又有些责备自己"为什么我总是不敢做第一个呢？"

同事显得很轻松，很明显，她并没有特别精心的准备，发言也算不上精彩。你在心里给她打分，然后默默地补上一句："她的方案，真不如我的出彩。"可是，等第一个讲完，第二个、第三个、第四个也相继发言，你却纠结在"如果我第一个发言，说不定比他们的还要精彩呢！"之中。就在你暗自纠结时，突然听见领导说："散会！"你突然醒过来，静静地看着手里精心准备的发言提纲，有些懊恼。

"为什么别人总是显得自信满满，而我却这样瞻前顾后，明明我有很好的方案可以讲啊！"的确，你是办公室里最沉默、最努力的那一个，当然，也是最容易被忽略的那一个。

只是，许多情况下，你因为"不敢"，错失了太多展现自己的机会。你甚至听过领导在别人谈起你时说："这小伙子干活挺踏实的，就是思维不够开阔，想法不多！"

你觉得委屈，你不明白，为什么自己明明有想法、有创意，却总是开不了口。更不明白，别人哪怕想法一般，准备不充分，也可以自信地侃侃而谈。自卑的人不见得比自信的人缺少能力，但是自卑的人，情商一定比自信的人低。

自卑心理的成因很复杂，有的是由于生理上和智力上的缺陷；有的是由于家庭教养方式不当或缺乏家庭温暖；有的是由于过去遗留下来的心灵创伤或长期以来形成的压抑感和焦虑感；有的是由于性格古怪，不合群或经常受人嘲笑；有的是由于原来自视过高，受到挫折后自暴自弃；也有的是由于同别人比较后发现自己的弱点而心灰意冷、自怨自艾……

克服上述自卑心理，自然也要因人而异。下面，介绍一些带有规律性的、被实践证明行之有效的克服自卑心理的一些方法。

一、正确认识自我、恰当评价自己，以克服思想上的自卑心理

形成自卑心理的最主要原因，是不能正确认识自己和对待自己。所以，要克服自卑，须从改变对自己的认识入手，要善于发现自己的长处，肯定自己的成绩，不要把别人看得十全十美，而把自己看得一无是处，要认识到他人也有不足之处。

"我是一个只有缺点的人。""我虽然有小小的长处，但是缺点太多……"如果你有这些想法，而且这又是形成你自卑感的原因，那么你就应该考虑如何缩小缺点，进而消除自己的自卑感了。最好的方法是，每天不断地使用你的长处，哪怕是小小的长处浮现在脑海里。

二、正确补偿自己，以克服生理素质方面所造成的自卑心理

盲人失明，耳朵就特别灵；腿有毛病，手就特别灵巧，这就是生理上的补偿作用。人的心理同样具有补偿能力，当你自己生理上有缺陷时，就产生一种不如健康人的心理。同时，自卑感也就出现了。

社交场合的强者都是有修养、有知识的人。一个身体健康的人，如果头脑空虚，那他也不过是空有躯壳；一个病残的人，如果内心世界丰富，就如同阴暗背景里发出闪光，

更显得耀目，更能得到人们的爱戴。

生活中"失之东隅，收之桑榆""勤能补拙"的实例屡见不鲜，拿破仑、纳尔逊虽然身材矮小，却立志要在军事上获得辉煌成就；苏格拉底、伏尔泰，因为克服了自卑，而在思想上有所见解，结果在哲学领域大放光芒。

挫折、缺陷可能是懦弱者自怨自艾、自我毁灭的理由，也可能是强者奋发图强的动力。"自古英雄多磨难，从来纨绔少伟男。"由此可见，人的缺陷和挫折失败并不可怕，可怕的是自己无信心，无志气，无毅力。

三、克服社会环境方面所造成的自卑心理

有人因工作环境不好，从而产生一种自卑心理，即职业自卑感。例如，有些清洁工、殡葬工、煤矿工及个体劳动者等，常常会产生这种自卑感。这种职业自卑感是后天形成的，既有客观因素，又有主观因素。克服和消除职业自卑心理，可以从以下几个方面去努力：

首先，塑造自己坚强的性格。一个人被自卑心理所困扰，丧失进取心，通常与其性格怯懦、意志薄弱有关。而那些自信心强、勇于进取的人，往往比较开朗、大胆、意志坚强。

其次，要学会保持心理平衡。例如，我们可以试着自我平衡倾斜的心理，认识到任何职业都有特殊的作用，每一种职业都有着无穷的奥秘，能够胜任任何一种职业都是

很不容易的，也都是很了不起的。通过调整、改变生活环境和自我行为，自觉地克服不利的环境影响，培养出良好的性格。克服这种自卑心理，就是要增强性格的独立性，摆脱人们——尤其是权威人士——对自己的成见，使自己在交往中日益成熟起来。

总之，情商低的人一般都很自卑，也很矫情，内心也脆弱，经不起打击。人生是一个不断成长的过程，如果一个人缺乏勇气去面对人生中的难题，那这样的人生就没有多少意义。所以，我们要先积淀自己，接纳自己，找到自己的风格与优势，建立清晰的原则，勇敢面对自我问题，让自己在时间的锤炼中变得越来越优秀。

勇敢点，学会跟羞怯说"拜拜"

羞怯是许多人都有过的一种普遍的情绪体验，它是逃避行为最常见的形式，主要是指由于性格、认知或挫折引起的自我约束言行，以致无法真实表现自己情感的一种心理障碍。

孟子早就有言："无羞恶之心，非人也。"做了不好的事懂得害羞，这是一种优点。怕羞的人会全心聆听别人讲话，不抢别人的话题，于是，他们就显得谦虚而有涵养。

但羞怯到一定的程度，就会成为人生走向成功的障碍。特别是与陌生人或异性交往时，产生的一种紧张、约束乃至尴尬的心理状态，这种心理状态往往给自己造成很大的心理压力，以致不敢在集体中发言，一到大庭广众中讲话就脸红心跳，遇到陌生人时局促不安、手足无措，等等。

羞怯感强的人，往往在陌生人面前感到一种无形的压力。他们不敢迎视对方的目光，缺乏交往的信心和勇气。在与人交谈时面红耳赤、虚汗直冒，以至于张口结舌、语无伦次。其特征就是对正常的人际交往感到焦虑和害怕。

他们对自己的举止神态和言谈过分敏感，生怕自己在别人面前失态、出丑。他们越担心自己的言谈举止，就越无法恰当地控制自己的失态行为，反而在别人面前感到异常的紧张。越是提醒自己不要脸红，偏偏脸红得越厉害。

不自然的面部表情和行为通过反馈更进一步加强了紧张心理，形成恶性循环。以往受挫折的经历、消极的自我暗示，会使他们对交往情景形成一种条件反射般的害怕心理。

"羞怯的人往往过分担心本身的行为是否反映出真正的自我，"心理学家巴度说，"就像演员，你必须学会把真正自我与扮演角色之间的界限消除。让你的行为表达出明确意义，你的行为就能反映你的自我。"

与自卑感相同，引起羞怯心理的主要因素也是缺乏自信。在交往过程中由于缺乏相应的知识、交往技能和经验，就会产生对自己的不信任。诸如怕遇到难题答不上来而出洋相，怕说话不得体而伤害别人或有损自己的形象，怕在交往中失礼而被人笑话看不起，怕应付不了对手的"手腕"而使自己吃亏，怕出现僵局下不了台，怕在异性面前言行不当而引起对方的误会或旁人的误解……这种种的"怕"，就形成了人际交往中的羞怯心态和恐惧心理。

有趣的是，许多名人竟然也都曾有过"怕羞"的心理表现。像美国前总统卡特、英国王子查尔斯、被誉为"田径之王"的卡尔·刘易斯，都坦率地承认，自己过去是个十分"怕羞"的人。可现在他们却"视演说为常事"。这充分表明，羞怯心理是可以克服的。

那么，怎样才能克服羞怯心理呢？

一、大胆做你想做的事

只有相信自己能够战胜"羞怯"成为社交能手的人，才敢去说、去干、去争取成功。古希腊大演说家德莫尔尼斯，小时候因有口吃毛病，不敢同陌生人讲话，后来经过刻苦努力，终于成为闻名遐迩的演说雄才。

与此类似的例子还有很多，这充分说明，"怕羞"的心理是可以改变的，关键是不要心里总想着自己的弱点，要有自信心，大胆地去做你想做的事。一位名人说得好："愈注意自己的缺点，就愈无法改善它。"

二、不要过多地计较别人的评论

羞怯感强的人，最怕得到否定的评价，结果，越害怕越不敢交往，越不敢交往越害怕，恶性循环使他在羞怯的旋涡中越陷越深。其实，被人评论是正常的事，应把它作为改善自己交往的动力，而不应当作精神负担。

三、扩大自己的知识面

只有拥有丰富的知识，才不会在各种不同类型的交往活动中因知识面过分狭窄而受窘。这里所说的知识，不仅包括科学文化知识，而且包括交往活动的基本礼节和技巧。你可以从有关人际交往的书刊上获得这些知识，也可以从周围的同学、同事、朋友身上获得。

四、知道怎么控制自己

常用的控制方法是积极的自我暗示。我们走到一个陌生的场合或与陌生人打交道，自我感觉有些紧张、羞怯的时候，可提醒自己镇静下来，什么都不要想，把陌生人当作熟人一样，"羞怯"心理就会减少大半。

心理学的研究表明：一个非常怕羞的人，当他在陌生场合讲出第一句勇敢的言语以后，随之而来的将不再是羞怯，而是可以在对方面前畅所欲言了。除此之外，还要讲究锻炼技巧。这种锻炼，主要是指自信的提升，可以从以下三个方面入手：

一是加强预备训练。如大会发言时提前拟好讲稿，读熟或者背诵，然后在家人或熟人面前试讲。经过反复练习，达到内容熟悉、语言流畅，最后开会发言就能做到心中有底，胆大不慌了。

二是暗示性训练法。有时面临一种场合来不及先做准备，又自感心情紧张时，可采取自我暗示的方法，提醒自己"镇静、不慌、什么都不去想"，用意念控制自己的恐慌紧张情绪。

三是模仿性训练。即经常观察和模仿一些活跃、开朗、善于交往、泰然自若的人的言谈举止，有针对性地克服自己怕羞的弱点。

学会在失落中检视自己

原本属于你的某种重要的东西，被一种有形的或无形的力量强行剥夺以后，你会经历的一种情感体验，就是失落感。

当一个部门主管突然被公司解雇，他好像进入了另一个世界，产生一种"不知如何是好"和没有人生方向的体验。

当一对亲密恋人因为矛盾冲突忽然分开时，双方也会在相当长的一段时间内承受悲伤的情感折磨，对未来的生活不知道如何经营，变得多愁善感、闷闷不乐和没有信心。

这些都是由多种消极情绪组成的情感体验，比如忧伤、苦恼、沮丧、烦躁、内疚、愤怒、心虚、彷徨、痛苦、自责、焦虑、不安、郁闷、悲伤、恐惧、孤独、嫉妒、沉默、哀伤等，最严重的失落感还经常与绝望、轻生、自残、自杀等消极行为紧密地联系在一起，严重的甚至会导致一个人的精神崩溃。

谁都有失落感的体验，没有人的生活始终乐观、快乐和富有充盈感。这其中，有些人经受了考验，心理品质和心理能力随之有了提高；有些人则被失落感俘获，成为这些坏情绪的奴隶，沉寂、消极、堕落甚至自我毁灭。

失落感产生的基本条件是：原属于自己的却被夺走了，突然间就失去了。而且，对于他来说，这个失去的东西是至关重要的。失去不重要的或无足轻重的东西，尽管不是一件高兴的事，但是时过境迁，我们不会产生失落感。所失去的重要的东西，可能是有形的，可能是无形的，也可能是两者皆有，但都有一个共同特点：它很重要。

失去的过程——被强行剥夺走的，是个人力量不可抗拒的。它并不是人们心甘情愿失去的，而是被一种看不见的力量剥夺了，或者说，是在完全意外的状态下失去的，出乎自己的想象和预料，也超出了自己的承受能力。比如，你是公认的最该加薪的职员，不承想，老板没有这么做，你就会觉得难以接受，就会产生失落感。这种情况的发生，就属于"强行剥夺"。

另外，如果是因"自己的责任"或"自己的无能"而失去了某一个本应该属于自己的东西，人们一般不会产生失落感，只会产生其他性质的情绪体验，如"懊丧感""后悔感"等；若非自己的责任，而是主观认为的情况，就是失落感产生的合适土壤。

可以说，人类所有的消极情绪都可以包容在失落感中。当然，并不是说每一种失落感都包含上述全部的消极情绪——多数情况下它是细分的，有的所包含的成分多一些，有的则少一些。

强烈的失落感具有一种"特异的功能"，使人产生一种莫名其妙的力量，使人做出他平时不会做出的极端行为。如，有人会轻易地产生一种"轻生"的念头："这样生活下去又有什么意思呢？不如与它'一起走'吧！""我的面子都丢尽了，还做什么人呢？还不如一死了之！"当他们产生这种想法时，如果马上行动，就会酿成悲剧。而要避免这种悲剧，就必须在这些念头产生时，努力控制自己再等一会儿，等待更长的时间再采取行动。

如果你不能第一时间彻底击败它，你可以命令自己的身体："我很累，让我歇一会儿再考虑这个问题。""我需要吃点东西，喝杯咖啡，或者抽支烟，好好享受一下美味。""我想放纵一下，不如先找朋友喝一杯。"这些命令都可以让身体的紧张和精神的失控得到缓解，暂时冷静下来，停止行动，从而为扭转局面赢得一个机会。

失落感在它最严重时，也会使人产生强烈的"报复感"："既然是你将我搞得如此狼狈，倒不如咱俩'同归于尽'。""就是因为你'搞的鬼'我才变成这样子，我'饶不了你'，你也将会与我一样。"许多罪犯都出于这种想法去采取违法行动，有些人只因为口舌之争、让自己丢了面子的小事就去伤害对方，犯下严重的罪行。

对付失落感，不能视而不见，逃避不是办法！当然也不能对它采取高压政策，否则后果只会越来越严重。要学会从失落中检视自己，面对失落的真相，挖掘其中的原因，再对症下药。

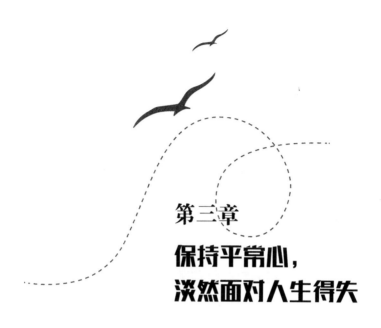

第三章

保持平常心，
淡然面对人生得失

淡定不是平庸，而是一种超然的生活态度，一种做事的高情商，一种生命的修养。淡定于心，从容于行，是人生路上的另一种幸福。把该放下的放下，你宽容别人，其实是给自己留下一片海阔天空。

失意要坦然，得意要淡然

一个人生活得是否快乐，主要取决于他的心态。心态决定生活，没有平和的心态，在各种人、事、利、益等面前，就容易失态。一个情商较低的人，在为人处世时经常会让自己处于失态当中，这不但会给自己带来尴尬，也会恶化他的生存环境。高情商者之所以始终能够以微笑面对生活，就是因为他们有良好的自我控制与调整能力，即使在自己失意的时候也能保持坦然的心态。

所以，想得开，看得开，心情才不会每天都产生大的反差，生活才能过得坦然、舒适。那在生活中如何看淡风云，悠然自得地表现自己的高情商呢？

一、学会放弃

人是拥有贪欲的动物，人们总是希望获得，获得越多就越快乐，因而就拼命地去占有，去获取。但是，有一天我们突然发觉，我们所有的忧虑、所有的困惑、所有的疲惫，都与我们所拥有的、所获取的有关，与我们想获取的有关，与我们为了获取而采取的图谋有关。我们之所以不快乐，与我们的渴求和我们的贪欲有关。这是我们渴得太多，想获取太多，想占有太多的缘故。我们盲目地执着于一件事，使自己无法跳出来，因而给自己带来了无穷的痛苦。

比如，你丢了一部手机，知道肯定找不回来了，虽然觉得有些可惜，但是与其自责、后悔，不如自我开导，把问题想开些。一味地因失去的或无法得到的东西而折磨自己，是最不划算的。

仔细想想我们的生活，几乎每一个人都有想得到而无法得到的东西。对于贪念较强的人，这会给他带来许多莫名的烦恼，因为他既没有能力去获取，又无法让自己去舍弃，于是内心总是很矛盾。一个人一旦陷入内心的矛盾，精神世界便会十分痛苦，还常常会产生神经衰弱、消化不良、失眠、害怕和别人交谈，以及意志消沉等情形。

二、莫生穷气

古人说："气是惹祸的根苗。"因气惹祸，一则惹得别人对你大为不满，使你难堪，甚至蒙受损失；二则自己生气，有害身体，一旦气急，可能会引起心脏病、高血压等疾病，或者使你在一气之下做出过分的事情，使自己陷入被动。因此在你想生气的时候，先暗示自己"消消气"。

为什么要生气呢？气就是用别人的过错来惩罚自己的

愚蠢行为。心理学告诉我们，生气是一种不好的情绪，是一种消极失常的心境，它会使人闷闷不乐，低沉忧郁，以至于呼吸不畅，严重者甚至可能危及生命。

要做到不生气，首先要加强自控力，培养自己的耐力、忍力和毅力。人在失意之时，容易生气，这时候，如果心平气和，不起荣辱之心，气就会化为乌有。同时，可以采取一些办法将这口气化掉。如找亲友谈心，或转移目标去看看电影、跳跳舞等。

三、保持平常心

下棋的时候，我们总是听人们讲，要保持平常心。言外之意就是，不要把输赢看得太重，否则过度紧张，或心理失衡，会让双方都很难堪。这其中反映出了一些重要的人生哲理。

人生与棋局同理，面对名利，我们也应该有一种平常心，这样才不会出现一念之差。过不好平常日子的人，肯定享受不到人生的乐趣；不会珍惜平常生活的人，肯定找不到幸福，因为，平常包容了一切。只有始终拥有一颗平常心的人，才不会在生活中迷失方向，才会实现对幸福生活的驾驭。

有一位富翁开了一家饭店与一家旅馆。后来因年事已高，就将饭店交给儿子经营，自己则去经营那家小旅馆。

旅馆是一个老建筑，因而客人不是很多，他仅雇了两个人来帮忙，自己也和他们一起工作。如记账、扫地、开门、收款什么都做，就像一个老伙计一样。平时人们看见，以为他只是一个普通的店老板，不会想到他是一个腰缠万贯的富翁。一些熟人看见他这样，表示惊异，并不理解。他说："我不干这个干什么呢？人总要工作呀。"在他看来，拥有万贯家财是一回事，但人的价值首先是体现在工作上，体现在你还能做点事情上。

所以，以一种平和的心态对待生活，生活就会回报你更多的快乐。古罗马政治家及哲学家塞尼加也说："如果你一直觉得不满，那么即使你拥有了整个世界，也会觉得伤心。"可见心态会决定一个人对待生活的态度。人生不简单，难免苦辣酸。不管经历好的、坏的、乐的、悲的，都要学会乐观、豁达面对。遇事想得开、看得淡，心有沃土，生活就会春暖花开。

顺其自然，别把自己看得太重

一只骆驼，辛辛苦苦穿过了沙漠。一只苍蝇趴在骆驼背上，一点力气也不用，也过来了。苍蝇讥笑说："骆驼，谢谢你辛苦把我驮过来，再见！"骆驼看了一眼苍蝇说："你在我身上的时候，我根本就不知道，你走了，你也没必要跟我打招呼，你根本就没有什么重量。"

这个小故事说明一个道理：做人做事，不能把自己看得太重要。不要以为你在乎的人也会在乎你。鱼没有水会死，但水没有鱼会更清。你还在痴心地想着别人，别人也许早已经把你忘记。

有时候，自己不小心说过的错话，做过的错事，不要再记着了。别人也许比我们要大度，你的错误别人已经忘记，可是你却不能放过自己。有时候，你强迫自己在公司加班加点，认为公司离了你玩不转，然而如若你辞职，马上会有人接替你的位置。有时候，你以为自己的喜怒哀乐都有人在意，其实，现在大家活得都很忙，谁有心思关注别人的情绪呢？

有个年轻人不是很会来事儿，行走于职场，总是磕磕绊绊，他的自我评价是"愚"，别人对他的评价是"善"。和朋友在一起，他最怕冷场，一有冷场就忍不住"作贱"自己，哄别人开心，弄得自己跟小丑一样；别人一生气，他就很难受，哪怕不关自己的事，只要对方给他冷脸看，立刻变得六神无主，充满罪恶感，忙着打圆场，给人感觉很"贱"。

除此之外，让他最头疼的事就是不好意思拒绝别人的拜托，别人委托什么事，他都特别上心，甚至有时候寝食难安，生怕没办好得罪了别人；总是不由自主地讨好别人，跟任何人说话都要看人脸色，哪怕自己心情不好，也要微笑着附和对方，自以为可以让别人觉得他很亲切；不敢当众发火，怕被人关注，怕别人觉得他性格不好；不敢跟人吵架，不敢斗争，总是想着息事宁人，结果反而被人看不起，被人当软柿子捏……

他说自己过得很憋屈，每天像个奴才一样活着，真的好想改变。

这个年轻人情商较低，怕的东西太多，时刻活在恐惧中。不过他最怕的就是不被认同，这种恐惧已深入他的潜意识里，所以他不自觉地被潜意识恐惧模式控制，像有强迫症一样进行一些假想的情节，比如别人如何讨厌他之类，从而陷入恐惧。

你把世界想象得那么可怕，是因为你把自己看得太重要。一个人之所以烦恼多，主要原因有二：一是太在乎别人，二是把自己看得太重。如果能把人与事看淡，保持一颗平常心，顾虑自然会少一些。想一想，你又不是人民币，哪能让所有人喜欢？

著名表演艺术家英若诚曾讲过一个故事。他生长在一个大家庭中，每次吃饭都是几十个人坐在大餐厅中一起吃，有一次，他突发奇想，决定跟大家开个玩笑，吃饭前，他把自己藏在饭厅内一个不被注意的柜子中，想等到大家遍寻不着时再跳出来。尴尬的是，大家丝毫没有注意到他的缺席，酒足饭饱，大家离去，他才蔫蔫地走出来吃了些残羹剩饭。从那以后，他就告诉自己：永远不要把自己看得太重要，否则就会大失所望。

　　一个人的轻与重，贵与贱，绝不是由自己决定的。平静谦和，不事张扬，才是最重的分量。人一定要学会认识自己，千万不要把自己看得太重。一个人可以自信，但不要自大；可以狂放，但绝不能狂妄；可以健康长寿，但不可能万寿无疆；可以力挽狂澜，但绝不可能再造乾坤。

　　不把自己看得太重，其实是一种情商，一种修养，一种风度，一种达观的处世姿态，是心态上的一种成熟，是心志上的一种淡泊。用这种心态做人，可以使自己更健康，更大度；用这种心态做事，可以使生活更轻松，更踏实；用这种心态处世，可以使社会更和谐。

收起你的玻璃心，别再自我伤害

"玻璃心"是网络用语，意指自己的心像玻璃一样易碎，用来形容对方的语言或行为深深地伤害了自己，也形容人心软，听到或看到别人的伤心事有身临其境的感觉，不自觉地伤心。

有玻璃心的人，大多情商较低，内心脆弱敏感，非常容易受到伤害。比如，当他们在工作中遇到问题，觉得自己受了委屈时，就经常利用各种网络平台，曝光自己的"悲惨遭遇"，或向身边的朋友揭露所谓的"职场黑幕"，以期获得别人的支持、理解和些许安慰。但这种行为往往让当事人得不偿失，很多人最多也就是当时表示同情，背地里却是讥讽和嘲笑。

著名作家路遥在《人生》中这样写道："生活总是这样，不能叫人处处满意，但我们还要热情地活下去。"这个世上没有一种工作是不辛苦、不委屈的。如果一个人受不了一点委屈——何况许多委屈都是自己臆想出来的——那他绝对是一个低情商的"玻璃心"。

H 小姐今年 25 岁，已经工作了两年，可是在职场上总是不如意。尤其在新的公司，她总是觉得身边的同事都在有意给她难堪，比如吃饭时不叫她，工作上嫌弃她，还会嘲笑她的穿着打扮。

一次，她邀朋友帮她分析自己遇到的情况。朋友是个高情商的社交达人，听了她的述说后，对她说："要是有人故意针对你，你先把事情做好，再适时反击。不过，如果一群人都不喜欢自己，可能也得反思下自身的问题，毕竟一个巴掌拍不响啊。"

她想了想，说："到了饭点，有人站起来喊了句，'走啊，吃饭去！'很多人就都起来一起下楼了，我不明白为什么没人到座位上喊我一声，这也太冷漠了吧。"

朋友说："这并不是别人必须做的事情呀，你是个新人，想快点融入大家，终究要自己积极主动些。"她还是感到费解，又说："唉，你真的不了解我们公司的环境，她们真的很过分，根本就没想过要叫我。"

对此，她的朋友也不便再做过多的解释。因为她内心敏感得像一只受惊的小鸟。万一自己哪句话说得不中听，又会让她猜忌一阵子。

其实，许多人身边都有这样的人。生活里，和他们开一些无关痛痒的小玩笑，他们总会觉得是对自己的人身攻击。在工作中，和他们讨论一些问题，就事论事给他们提一些小小的改进建议，他们想都不想就会立刻反驳："你觉得我能力不行，你来做啊。"即使是别人不经意的玩笑话或打趣，都能使他受到伤害，胡思乱想。通常，我们会给这类人下一个定义，那就是"玻璃心"。

说到底，一个人之所以会产生较重的玻璃心，还是因为情商太低。不管做什么事，他们总是觉得别人是在针对他，或者在坑害他，总因为周围人一句话或者一个语气、眼神就心情低落，思来想去。

人活着，无非是想以最小的阻力去探索最多的世界，但玻璃心的人却把自己困于牢笼，让自己每一天都活得克制又小心。他们大部分的精力都消耗在处理各种应接不暇的消极情绪上了。这样的结果就是，让自己往前走的每一步都平添了一些阻力。

那如何消除自己的玻璃心呢？可以从以下四个方面入手：

首先，要降低对他人的期待。

降低对别人的期待，很大程度上也会看淡别人对你的伤害，让自己不再胡思乱想，从而摆脱玻璃心。比如，你很看重一份友情，但没有必要要求对方成为你一生的挚友。毕竟，大家都是独立的个体，每个人都有自己的处世方式与价值观。

其次，要摆脱对别人的依赖。

一个人穷而弱，往往容易滋生玻璃心，别人稍稍一碰就立刻觉得自己被轻视。人只有精神独立才能少点玻璃心，也更有底气，少点戾气。那如何摆脱对他人的依赖呢？一是要矫正自己日常的习惯，从生活中的小事开始锻炼自己的独立能力，做事之前自己先思考，避免什么事情都去询问别人。二是要对自己曾经依赖的人说"不"，这不是一件容易的事情，要慢慢地习惯一个人思考解决问题，别人就算提出了意见，也是作为你意见的参考。除此之外，要学会承受住寂寞，一个人也有一个人的生活，生活的中心应该是自己，而不是别人，孤独也并不可怕，孤独会让人变得强大。

再次，学会表达，克服自卑。

良好的表达技能不仅能消除你的玻璃心，还可以给你的生活带来好处。不要害怕出错，时刻记得自己没有那么多观众！真正关心你的人是不会笑话你的，而会笑话你的人对你而言也没那么重要。

最后，让自己忙起来，转移注意力。

很多时候，有玻璃心的人都是自己在伤害自己。他们爱胡思乱想，爱自己吓自己，自己可怜自己。也就是说，他们的心很"闲"。有句话叫"人闲是非多"。让自己忙起来，适时转移自己的注意力，如参加一个社团，参加一个聚会，听一会儿歌，跑跑步，不但可以减少胡思乱想的时间，也可以使自己的生活变得更充实。

当然，有玻璃心的人都比较敏感，他们一般很善于用一些蛛丝马迹进行推理，对人、事规律的总结能力很强，这是一种优点，但是只有用对地方，这些优点才会为自己带来助益。比如：用在客户身上，可以成交更多的订单；用在爱人身上，可以表现出自己的体贴和同理心；用在朋友身上，显得自己善解人意。只是要记得，这种敏感要有一个度，否则，它会成为一剂心灵的毒药，让你丧失自信和安全感，而且会把事情搅得越来越糟。

做人沉稳大气，有君子风范

什么是大气？大气，是一个人的气质或风度，是一个人内心世界的一种外观表现，是一个人的高情商散发出的一种无形的力量。具体地说，大气，就是拿得起，放得下，说话办事干脆利落，具有君子风范。

大气，体现在人性中，是博大的胸怀，具有不与小人斤斤计较的雅量；大气，体现在行动上，是坦荡豪放，不瞻前顾后，不怯懦畏缩；大气，体现在心理上，是豁达开朗，不卑不亢，阳光乐观。

一个人的大气，主要表现在对人、对事、对己三个方面：

其一，对人，要宽容，不要耿耿于怀。

待人豁达大度、胸怀宽广，这是一个人具有良好修养的外在表现。古人曰："君子要忍人所不能忍，容人所不能容，处人所不能处。"同事间，要善于沟通，珍惜缘分，互相帮助，互相配合，以诚相待，见贤思齐，在共同目标下求合作，在相互合作中求合力，在相互信任中求发展。敌人往往是自己树立的！历史上的成功人士则都具有化敌为友的本事，容人、识人、用人的胸怀和雅量着实令人钦佩。春秋五霸之首的齐桓公、唐太宗李世民都是这样具有"大气"风范的人。

其二，对己，要豁达，不要钻牛角尖。

一个人，生活在现实社会中，吃亏，受委屈，想不通，是常有的事。别人出言不逊轻慢了你，领导办事不公伤害了你，朋友言谈举止没给你面子，这都算不得什么，都要豁达以对，淡然处之。倘若整天围着自己那点儿小九九打转转，时时算计自己的利害得失，甚至以一己得失作为好与坏、喜与忧的标准，心胸如此狭窄，怎么能成大器？

其三，对事，要超脱，不要纠缠不清。

人的一生，碰到的事太多了。几乎眼睛一闭、一睁，碰到的都是事。猝不及防的打击，始料未及的挫折，从天而降的好处，唾手可得的利益，随时可能发生。事无论大小，不管好坏，都不要太在意、太当回事儿。切莫一见好事就喜形于色，乐颠颠、兴奋得不得了，一遇坏事就愁眉苦脸，霜打茄子一样蔫头耷脑。遇事不敢担当，怎么能成大器？

做人要大气，就不能只着眼于现在，应该站在巨人的肩膀上看问题，如果没有巨人，那就只能尽自己所能使自己站得更高，这样才能看得更远，做事才更有远见。

我们经常听到的一句话是"文人相轻"。为什么？其根源都在于文人的心胸不广，其各个自立门户，自恃其才，其状态犹如耍刀的讥讽弄枪的，弄枪的嘲笑耍刀的，什么都不会的还要指指点点，说上几句风凉话。要想改变文人相轻的状态，还是要回到一点上，做人要大气，要有大胸怀，而不是"你嘲讽我，我讥笑你"。真正低下头来，互相谦虚地学习，互相真诚地相助，促进双方共同提高。

唐代的大诗人李白就给我们树立了一个很好的典范，面对黄鹤楼的美丽景色，李白诗意大发，正要挥笔运毫之际，然而抬头看到崔颢一首《黄鹤楼》："昔人已乘黄鹤去，此地空余黄鹤楼。黄鹤一去不复返，白云千载空悠悠。晴川历历汉阳树，芳草萋萋鹦鹉洲。日暮乡关何处是，烟波江上使人愁。"立马停笔，题写道："眼前有景道不得，崔颢题诗在上头。"瞧，这就是李白的大气。

做人要大气，这既是一种品格，也是一种境界。大气的人生，什么时候都会是光风霁月，阳光明媚；不大气的人生，往往愁眉苦脸，忧忧戚戚，这样活着实在猥琐。因此，老子讲："人法地，地法天，天法道，道法自然。"我们做人，也要有海纳百川、泰山不让其土的胸怀，欣赏他人，容纳他人，正确认识自己，既不自高自大，也不妄自菲薄，以低下头来的心胸成就自己。

高情商的人做人普遍都比较大气，他们敢于正视自己与他人的差异，承认自己的不足，能认识到自己的局限性，能够以大器量去接受来自各个方面的批评，从而不会上演"坐井观天""老子天下第一"的笑话。

相反，斤斤计较的人则显得小气，表现出来的情商也较低，因为他们不能容忍别人犯一丁点错误。你错了，小气的人会一直记着你的错误，也会嫉妒你的才干。如《三国演义》里的周瑜，就是典型的小气之人，他容不得别人比他更优秀；相较而言，刘备则大度很多，他能放下身段，三顾茅庐。现实生活中，也有许多类似的例子，都说明做人不能太小气，多一些包容、多一些宽恕、多一些沉稳与大气，才能成为人生的赢家。

别人比你强？其实没什么

生活中，你所看到的强者，很可能只是表现上、形式上的强，即使真的比你强，也是因为人家走过更艰辛的路，经历过更多的酸甜苦辣。我们得承认，在某些事情上，很多人都比我们更强，但是各人有各人的精彩，不要怕别人比你强，更不必非要和别人一较高下！正所谓"人外有人，天外有天"。

有一种人见不得别人升官发财，见不得别人开心得意，见不得别人有什么好事，见不得别人比自己强、比自己过得好……见了就眼红，就嫉妒，就不开心，就不舒服，就闷闷不乐、烦躁不安、心事重重，就失去了自己的风采和自信。这时，别说情商了，连起码的做人的风度都没有了。

一般来说，见不得别人比自己好的人，内心都比较敏感，嫉妒心较强，而且容易表现出排他的行为。有时候，他们不喜欢别人的某些特点，是因为别人所拥有的某些东西，正是自己所缺失的。

有一名工程师，他的儿子很聪明，爹妈没怎么管，自己报考海外名校被录取。儿子有出息，他脸上也有光，于是把熟人全叫来，大摆酒席。

席间，就在大家啧啧赞叹的时候，一位多年不见的朋友，冷不防甩出一句："现在国外的学校给钱就可以上，根本不看什么分数，有钱想去哪儿上去哪儿上。"

一句话，让工程师变得很堵心，于是也没好脸色地说："你说的那是野鸡大学，我儿子报的可是正规名校，招生标准非常严格，再说，我儿子可以领全额奖学金啊。"

对方又来了一句："都一样，给钱就让上。"

他气不打一处来，都想开口骂人了。两人多年的老交情也就此告终。

不可否认，有些人非常聪明，但就是见不得别人好，尤其是熟悉的人。人家有了点名气，就说是炒作出来的；人家赚了点钱，就说是这钱不干净；人家娶了个漂亮的老婆，就说这老婆水性杨花……严格来说，这已脱离了情商层面，而涉及人品。与人相处，切莫以置气为目的，多抛开点情绪化的东西，情商自然会高很多。

心如止水，见素抱朴，是做人的境界。世上比你强的人多的是，你一生中什么也不干，什么也不想，眼睛光盯着别人的好事，也是盯不过来的，即使你愤愤不平，别人的好事照样发生，谁又能阻挡得住？

那么，看到比自己强的人的时候，如何平衡心理，表现自己的高情商呢？

一、不必不安、惊恐、忧虑

看到别人成功或者比你强，大可不必为此扰乱了自己原本平静的心情。诚然，不去看、不去想周围发生的事是不可能的，关键要用平和善良之心去看。在这个世界上，每个人都是独一无二的，每个人都有让别人钦佩之处。与其心理不平衡，不如多想想自己的不足，多向别人学习，不是更好吗？

二、不必眼红、嫉妒、不满

老实人确实勤劳肯干，但这个社会并不是付出的越多，得到的就越多，行业不同，职业不同，结果千差万别。每天扛着扫帚扫大街，付出的比谁少？你能说"我付出你10倍的体力，就要获得10倍于你的收入"吗？自己是个货真价实的"屌丝"，就不要嫉妒别人是"高富帅"，也要看到差距。"高富帅"不是一天练成的，一味抱着一种不健康的、不正常的，甚至有些病态的心理对比自己强的人品头论足，只会让自己显得更加"低矮矬"。

三、要自强、自爱、自重

天外有天，人外有人，本来就是正常现象，也是时代文明进步的象征。如果一代不如一代，一个人不如一个人，所有的人都不如你，那才是不可思议的。

看到别人比自己强，应该把他视为榜样，从相形见绌中积蓄向上的动力，不要比出自卑，比出丧气，否则，你就太没出息了。别把别人看得太重，把自己看得太轻，一个人很可能在某些方面能力很强，其他方面则资质平平，不可能时时有能力、事事有能力。有时候，不是自己不行，而是别人对某个领域更加擅长。你有你的天地，你有你的辉煌，何苦非在一个点上逞强，硬和别人比高低。

怕别人成功，怕别人比你强，希望别人不如你，这是心胸狭隘，是庸俗、虚荣、无能的体现，算不得英雄好汉。把自己的一面打磨光亮，以能力说话，才有说服力。

多些包容，别让戾气害了你

人的一生漫长而遥远，在漫长的人生途中，我们会结识许许多多的人，会经历许许多多的事。其中有无法言语的感动，有发自内心的感激，也有不可避免的艰难困苦和委屈无奈，无论遇见什么，我们一定要拥有一颗宽容而真诚的心。

日有阴晴，人有善恶，自然界有很多事物都不是我们人力所能为的。我们不可能改造世界，我们也不可能改变别人，我们能塑造的只有我们自己的心态和我们对待世界、对待周边人的一种宽容的处世哲学。

在现实生活中，有些人情商实在是低：出门堵个车，就骂骂咧咧抱怨不休；上司多给了自己一些任务，就觉得自己被针对了；只要不顺心，就逮谁向谁诉苦。浮躁、功利、沉不住气、点火就着，甚至为一丁点事大动肝火，这也是当下很多人的通病。要知道，戾气是心头的一把火，势头太猛，第一个就烧尽自己！

有一次，公司组织员工出游。因为很多人都是在车上吃早餐，而且早餐都喝了豆浆或牛奶。结果，车子行驶在高速公路上很长时间后，很多人嚷嚷着要上洗手间，司机没办法，只得绕道下高速公路，解决大家的生理问题。

这一耽误，到达景区时，就比预定时间晚了一个小时。到达时已经快中午了，天气特别热，于是在整个游览过程中，众人就听到旁边的一个女子不停地抱怨："这些人真是的，高速上要上厕所，真是有病，搞得现在热得要死！"

坐船要排队，她又开始嘀咕："这么大个景区，不知道多弄几条船啊，这么热的天儿让人排队，给它差评！"

其实，在平时的工作中，她就是一个特别爱较真的人。只要她看到的世界不尽如她意，就会大加吐槽，还要掺杂进个人的各种情感，搞得大家都很不自在。与这样的人一道出游，即使欣赏的是美景，又怎么能有好心情呢？

更让同行的人受不了的是，在中午吃饭的时候，看着一桌子的当地特色菜，她又开始不满："这是谁点的菜啊，不知道照顾一下不同地方人的口味吗？这么清淡，让那些嗜辣的人怎么办？"

如此低情商，如此的负能量，估计很多人都避之不及。

有一位员工的家属私下问其他人：此人在公司是不是很难与人相处？瞧，大家的观感都是一样的——从一个聚会上微不足道的小细节，就可以窥探到她是一个处处不容人的人。

如果一个人缺少包容之心，那么他在一个环境中不受欢迎，即使换一个环境，结果依然是一样的。这也可以用来解释，有的人因为刻薄、挑剔，和同事、朋友相处不来，于是换一份工作，结果还是会出现同样的问题。不是别人难相处，是自己的戾气太重。大多数人都不太喜欢跟戾气很重的人打交道。戾气重的人，动不动会破口大骂，或对一些微不足道的小事耿耿于怀。

如果你身处一个四周充满戾气的环境中，如何让自己没那么多戾气，变得平和一些呢？

首先，遇事冷静，学会平和面对是非曲直。

每当遇到不顺心的事，想要破口大骂的时候，或想怼那些你看着不顺眼的人的时候，先想一想，如果你的内心是冰冷淡漠的，那么你看到的世界很可能也是残酷的。经营美好是一种能力，而善良是能够让世界变得美好的最直接的方式。

其次，增加自己的阅历。

经历与时间会让人成长，但是那太过漫长，有一种捷径，就是读书，读好书。戾气太重，就是阅历不够，阅历多的人，情都比较高，他们能够忍别人之不能忍。所以，增加阅历能帮助一个人沉淀下来，使其变得淡然、镇定。

高情商者常用宽容的眼光看世界，所以，他们的事业、家庭和友谊才能稳固和长久。因为他们知道：夫妻间除了要有爱情、有信任，还要有宽容，总是为小事斤斤计较，就不可能白头偕老；朋友间没有了宽容，就没有了友谊，因为宽容是友谊的题中应有之义。人无完人，我们又何必去苛责别人的缺陷。社会是一张彼此联系的人际网络，无人能独自成功，因此我们无论何时都要记得去包容身边的人。

"海纳百川，有容乃大；壁立千仞，无欲则刚。"人不可能生活在真空里，总要与人相处，与外界产生各种关系，因此建立和谐关系是很重要的。只有把"宽容"的精神融于生活中，才会发现生活原来是那么有滋有味、丰富多彩。

淡定面对外界"刺激"

人，一旦降临这个世界，便可能陷入动荡不定的境遇之中，悲哀、愤怒、忧虑、愧疚和烦恼可能会不间断地困扰着他们，给他们的精神套上沉重的枷锁。

很多人往往错误地认为，生活的快乐与否完全取决于外界不良刺激的大小，刺激大，烦恼大；刺激小，烦恼小。听起来似乎很有道理，其实忽视了一个关键问题，就是你自己头脑的加工。

例如：面对火车晚点这一刺激，有的人急得团团转，焦躁上火，大发雷霆；有的人到超市买点东西吃，坦然等待；有的人坐在候车室看书，充分利用时间。很明显，这三种不同的反应，绝对不是由外界刺激的大小决定的，而是由他们对同一刺激的不同态度决定的。但火车晚点这个事实绝不会因为你大发雷霆而改变。

水，越淡越清亮；人，越淡越欢悦。人生看淡的东西越多，越是钝化对外界的"刺激"，内心就会变得越简单，因此扫去的懊恼也就越多。自古以来就是这个道理。

冯道是五代后周时期的人，人称"官场不倒翁"，做了40年的宰相，位高权重，免不了得罪了一些人。所以，有些人自然要变着法儿嘲弄他，以此激怒冯道，但冯道不急不恼，总能举重若轻，让别人射来的毒箭落在棉花上，轻松化解。

有一天，一个人牵了一头毛驴行走在熙熙攘攘的大街上，用一块布写下了"冯道"两个大大的字，并且贴在了驴的脸上，不用说，这是冲着冯道来的。有人把这件事告诉了冯道，冯道听了，一笑了之，说："天下同名同姓的人多得很，怎么指的会是我呢？可能是谁捡了驴，在驴身上发现了驴主的名字，所以写得大大的，以方便寻找失主吧。"

听冯道这么一说，那个存心嘲弄冯道的牵驴人也自觉无趣，灰溜溜地走了。

由此可见，冯道能在宰相的位置上待上 40 年不倒，恐怕与他过人的情商不无关系。很多时候，对别人的刺激不予理睬，淡定地笑而对之，既是一种高情商的表现，也是一种处世技巧。

环境本身并不能使我们快乐或不快乐，快乐或不快乐取决于我们对外界的刺激做出的反应。也就是说，事件本身没有压力，它们是否使人感到紧张、有压力，在于当事人以什么样的思考方式和方法看待它们。

比如，在游泳场里玩"激流勇进"这个游戏，对一些人来说是痛苦，而对另一些人来说却是令人快乐的刺激。

其实，你想什么，你就将得到什么。倘若你选择快乐，你就会开心，身心愉快；倘若你选择悲伤，你就会有充满凄凉的感觉；倘若你整日担忧生病，自然会愁容满面；倘若你对任何事情都毫无信心，失败就会接踵而来……总之，我们必须运用自己自由选择的权利。面对同样的境遇，为什么有些人消沉、失志，而有些人积极、乐观，就是因为他们的选择不同，情商不同。

威廉·亨利有一句诗："我是我命运的主宰，我是我灵魂的统帅。"这句寓意深远的话告诉我们：我们就是自己命运的主宰者，自己灵魂的统率者。这是因为我们有能力控制自己的思想。

要做自己的主宰，要控制自己的思想，不受外界谬音的干扰，需具备六大修养：

一、静

少说话，多倾听。因为爱说话的人，本就失去了一分宁静的美。而且，言多必失。有句话是，三思而后行，三思而后言。即使是网络这个靠语言交流的平台，多言也会招致别人的厌烦。想说话了，就对自己说，不要对别人说，因为现在几乎没有人愿意听。

二、缓

有句训诫是，讷于言而敏于行。在一些特定的环境中，应该是，讷于言而缓于行。做事，你太快了，也未必合适，如，有些事你刚做好，领导认为不需要做了。缓，有个好处，就是可以在别人失败的基础上，走成功的捷径。反正不是做生意，不需要抢市场。关键是太能干的人，往往会成为别人嫉妒和防备的对象。

三、忍

面对不公，别气愤，别宣泄。一来气愤伤身体，二来气愤解决不了问题。有度量去容忍那些不能改变的事，有勇气去改变那些可能改变的事，有智能去区别上述两类事，这是成功者要具备的三个素质。既然有些事情不是个人能力所能作为的，何不冷眼旁观呢？宣泄不满，只会让旁人看戏。

四、让

大是大非，不能退让，但小事情，尽量听取别人的意见。能按别人的意见办的，就不坚持己见。退一步，海阔天空。而且如果是按别人的意见办的，错误也应有所分担。

五、淡

对一切都看淡些。没有什么是离开了就不能活的东西。得失也是辩证的，你在这方面损失了，你的心灵会得到释放，会有机会去尝试别的选择。越是看得淡，就越是心灵平静，就越能体会平凡的幸福。

六、平

是平凡，是平淡，是平衡。有棱角的坏处，就是让别人咬起你来很容易下口。平凡的人，尽管没有什么特色，但往往生存的时间最长。人要活得精彩，首先是要能活下去，而不被踢出局。

德国诗人歌德说过一句话："谁若游戏人生，他就一事无成；谁不能主宰自己，便永远是一个奴隶。"面对外界的刺激甚至恶意的诋毁，要学会保持一份淡定。淡定，才能卸下负担，轻松迈步，轻松生活。

第四章

说好两难的话，开口要让人舒服

　　有人的地方就有江湖，有江湖的地方就有争斗。人与人之间的沟通自然是从说话开始的，有的人是文明争斗，有的人是口不择言。不管争斗的结果如何，没情商的人一开始就输了。

自嘲是最安全的幽默

在别人嘲笑你之前，先适当嘲笑自己，也是玩幽默最安全的方法。敢于把开玩笑的矛头指向自己，笑自己无能，谈自身缺憾，这在人人都抢着为自己涂脂抹粉的今天，是需要一点勇气和豁达的心境的。所以，会自嘲的人，往往给人一种有气度、有雅量的好形象。

如果说嘲弄别人是缺德，那么嘲弄自己却是美德。自嘲是拿自身来"开涮"，博他人一笑，既是一剂自我调整心理平衡的良药，又是一种高情商的体现。

一位太太听说骑马对减肥有效，于是不迟到不早退地骑了三个月。结果马瘦了十斤，她一斤也没瘦。她把这个尴尬的结果讲给朋友听，还说古时候用"美人上马马不知"形容美女，如今她骑上去却是"肥婆上马马不支"。巧妙的自嘲让人不禁佩服她的胸襟开阔。

自嘲是最能体现一个人的情商。通常，情商低的人很少会在公众面前自嘲，更不善于用自嘲来应付尴尬的场面。

所以，陷入窘境时，要么死护面子，将错就错，要么硬着脖子狡辩，很小家子气。错了就要承认，承认的最好方式就是自嘲。懂得自嘲的人能给人一种"提得起、放得下、想得开"的感觉，何况，能笑自己的人才有权利开别人的玩笑。

有一群十多年没有见面的老同学，其中有一男一女曾是同桌，所以交谈起来遮拦便会少一些。但那位女同学的丈夫不久前因病去世，男同学却并不知情，因而在玩笑中无所顾忌地提及其丈夫。另一同学知情，于是急忙转移话题，但那位同学却把玩笑开得更大了。见状，阻止的那位同学只得说出实情，这位男同学顿时觉得无地自容，非常尴尬。

不过他迅速回过神儿，先是打了自己一巴掌，之后调侃道："你看我这张嘴，十多年过去了，还和当学生时一样没有把门儿的，不知高低深浅，只知道胡说八道。该打嘴！该打嘴！"女同学见状，大度地原谅了老同学的唐突，苦笑着说："不知者不为怪，事情过去很久了，现在可以不提他了。"这位男同学正是利用自嘲，巧妙地化解了尴尬的场面，不但取得了同学的原谅，还给自己找了个台阶下。

并不是每一个人都有勇气拿自己的过失、错误与不足开玩笑，遮丑还来不及，还要自扬家丑，那还不叫人笑掉大牙啊。但是你想想，如果不黑自己一把，必会为面子所累，别人也会觉得你开不起玩笑。聪明人往往在事情没有变得更坏之前，会用自嘲来避免更大的尴尬。如主持人一不小心摔下台阶，不仅自己非常尴尬，晚会的进程可能也会受到影响。如果这个时候主持人来上一句"大家太热情了，我都有些 hold 不住了"，说不定能赢得满堂喝彩，在众人的笑声中，尴尬的一摔反倒会成为节目的一个亮点。

不少人对自嘲持有偏见，认为自嘲是一种贬低自己而愉悦他人的行为。这种想法失之偏颇。其实，自嘲的人往往都是高情商者，他们敢于展现自己不够完美的一部分，反而说明其对自己认识得透彻，并且幽默乐观，不受限于自己的缺陷。

当年孔子抱负不展，离开鲁国，带着弟子周游列国，几次遇到生命危险。后来到达郑国，孔子与弟子走散了，于是他就站在郑国东门等他的弟子。

他的弟子子贡向人打听他的老师，一个郑国人对子贡说："东门有个人，他的额头像尧，脖子像皋陶，肩像子产，但腰部以下却比禹短三寸。累累若丧家之狗。"子贡后来找到孔子，把那个郑国人的话告诉孔子。孔子听了哈哈大笑，说："外貌形容得倒还是其次，但是说我像丧家之狗，的确是这样啊！的确是这样啊！"孔子觉得那个郑国人形容得真是精辟，自己也忍不住哈哈大笑，深以为然。

这便是孔子的高明之处，也许他认为自己的神态相貌确实有点像"丧家狗"，也许他认为，"丧家狗"并非含有贬义。不管如何，孔子能用自嘲面对他人的嘲讽，以一笑置之，可见其哲人之风，豁达气度。

生活中，每个人都会遇到一些让人难堪的玩笑，如果不能调节情绪，沉着应付，就会陷入尴尬、窘迫的境地；相反，如果在受到别人的讽刺挖苦时，多一点自嘲精神，一方面能够使自己在心理上减少压力，另一方面还会让原本加恶于你的人失去兴趣，甚至对你有新的认识。所以，自嘲是一种非常高明的人际交往策略，故有人说："第一次发现自己能够嘲笑自己的时候，就是成长的开始。"

吐槽吐出修养，那才叫高情商

人们常说：高手骂人不带脏字。这句话有这么几层意思，一是说骂人的时间、动机、方法、表达程度都恰到好处，二是说骂人也体现了个人的良好教养与高情商。如此看来，"会骂人"也是一种修养。

高情商的人表达愤怒，不声张不谩骂，而且能在温和的言语里给予最高明的回击。

余光中是李敖的宿敌。虽然李敖自称"不生气"，但对余光中，他还是会生气。余光中为故去的友人作诗《送别》，李敖听说后，骂他是"马屁诗人"，甚至写了小诗嘲讽他。

而余光中面对李敖的讥讽从不回应。"天天骂我，说明他生活不能没有我；而我不搭理，证明我的生活可以没有他。"几句讽刺在余光中眼里算不上什么，计较就更显得多此一举。

梁实秋在《骂人的艺术》中写道："你骂他一句要使他不甚觉得是骂，等到想过一遍才慢慢觉悟这句话不是好话，让他笑着的面孔由白而红，由红而紫，由紫而灰，这才是骂人的上乘。"

可见有修养、高情商的人，表达愤怒早已不是情绪的发泄，而能以愤怒为己用，一箭双雕。而低情商的人，则在乎的是一时口舌之快。

生活中，有些人对周围的事物就是这么高度敏感。看到你混得比我好，我就想一切办法来找你身上的 low（低的）点，并不断来吐槽你，然后得出一个结论：不是你牛，是你沾了他人的光，走了歪门邪道。像这些习惯吐槽的人，你就是做些平常生活小事，他也会说你在炫耀，换个角度想想，如果你不羡慕，又怎么觉得对方是在炫耀呢？其背后的逻辑再清楚不过了：你吐槽别人高调炫耀的同时，暴露的不就是自己的短板、自己的缺憾、自己的匮乏吗？

有一个文艺青年，一年至少换五次工作，其中至少有四次是被辞退的，平均每家公司都干不到三个月。但是他认为自己很有才："我常与北大的教授在网上就某个问题激辩，不屑与一些不懂文学的人交流。"他的狂傲与自大，让所有人汗颜。一次，朋友问他："那你为什么还会选择小公司？"他说："我也要吃饭啊。"按说这么牛的人，在偌大的北京找个饭碗不是什么难事吧。有高山仰止的才华，竟干不好小公司一份简单的工作，定是有其他方面的问题。

后来，同事们发现，他经常在网上与人干嘴仗，有时为了一句话，会同时怼几个人。之前，大家都以为他在工作——拼命地敲键盘，原来只是为了让吐槽更有杀伤力。工作中，他眼中的同事也是槽点满满，他甚至经常为自己混迹于这样一群人中鸣不平：遇不到伯乐，自己真的很屈才。

吐槽，把别人吐得一无是处，自己浑身缺点却视而不见，也实属奇葩了。有些人就是这样，他眼中的世界总是不公平的，自己总是怀才不遇，别人的成功总是靠关系跑出来的……总之，见什么吐槽什么，看谁不顺眼就怼谁。像这种为吐槽而吐槽，为了怼而怼，却丝毫认识不到自己的问题的行为，只能说是一种心理扭曲。

该吐的槽，可以吐一下，人总是需要情感宣泄的。有修养的人，懂得正视愤怒，所以很少会发怒；若一定要发怒，也懂得表达愤怒，而非愤怒地表达。美国有一位知名心理学家说："真正情商高的人会拥抱愤怒，只要这种情绪在当时情况下，可以帮助他们实现某个目标。"

解释有度，当心越描越黑

许多人都有一个毛病，就是爱解释，而且为了让解释听上去更合乎情理，更无懈可击，会动不少脑子。其实，这种做法非但不能给自己带来半点益处，久而久之，还会失去别人的信任。因为，在大多数人的潜意识中，解释太多就是推诿，就是卸责，就是计较。如果一个人连这点道理都不懂，那他的情商堪忧。

有一个小伙子，人算不上帅，但非常聪明。刚到公司，他就露了一手。老板让他制作一分多钟的公司宣传视频，很快他就搞出来了。老板在审核时，跷着二郎腿，又是拍大腿，又是叫好。末了，又狠拍了下大腿："我要再搞个企划部，你来负责。"

所有人都在想：这小子可有的混了。一个多月过去了，新部门还停留在最初的设想阶段。老板火急火燎，一次又一次催问。结果，每次他都能找到听上去无懈可击的理由：

上午工作没有完成，说自己要处理的事情太多了，忙不过来；下午某项工作做不好，说自己没有受过专业培训，全靠自己摸索；没有联系客户，说电话打不通。平时，工作中哪个环节出了问题，责任能推就推。末了，不忘"呵呵"一句。

老板也只能"呵呵"了，心想：你可真是"大爷"啊，实在用不起，你还是另谋高就吧。

人非圣贤，孰能无过。犯了错，知错认错是第一位的。一味揣着明白装糊涂，只要事情没做好，就立马找一堆借口与理由来证明自己的清白。这看似是精明之举，实则是最粗劣的演技，暴露的是低层次的情商。

我们都有这样的习惯：一件工作没有做好，或某件事情牵扯到了自己，在说明情况的同时，也会为自己找一些开脱的借口，如"状态差""时间紧""任务重""意外太多"……不管你的解释多么天衣无缝，看似多么合乎情理，结果摆在那里，解释得越多，越会让人感到其中有猫腻。所以，当别人听不下去，或根本不想听的时候，只会礼貌性地说上一句："好吧，谢谢你的努力。"不要就此以为，你的解释说服了对方，否则，你的情商实在是太让人着急了。

有些人爱解释，是有原因的。因为他们本身办事能力就差，还不怎么会来事儿，在为人处世过程中，被人小视，遭人误解肯定是少不了的。怨气一多，发点牢骚，倒点苦水，也是人之常情。但是，解释太多，一些不明事理或不想明事理的人就会本能地认为：就你事多，解释半天，还不是于事无补。

比如，别人委托你办一件事，你没有办妥。你得给人家一个交代吧，若是直说"我没能力把事情办好"，怕面子上不好看，便想找个体面的说辞，既证明你想办事，也能说清楚你的难处，于是就开始没完没了地解释。在解释过程中，像下面的这些口头禅，其实都是低情商的表现：

"不是我不……"

"你知道吗……"

"你先听我把话说完……"

听上去是不是有点冠冕堂皇？

有时，恨不得把心掏出来给对方看：我说的话不容置疑，你可要相信我啊。也许你讲的都是实情，但是人性是很复杂的，你的解释也许会被对方理解，但多半情况他会觉得你在狡辩，觉得你这人不愿意面对现实，缺少担当。

高情商者解释，定会看人看事，看你是个油盐不进的人，也就没有什么好解释的。如果有些话说出来，对方未必能听懂，那就暂且收一收，清者自清嘛。

所以，不管是做什么事，解释都要有度：该解释的时候，一定要解释清楚，尤其要站在对方的角度，把他关心的问题说明白；不该解释的，就不要多费口舌。尤其是一些涉及原则的问题，你不解释，别人对你的误解也会自动消除。

比如，有两个职员共用办公室的一部座机。一次，主管发现上月电话费严重超支，也不清楚是谁在偷偷狂打电话，但也不好当面询问。一次会议上，主管拿出已打印好的通话清单，一边翻看一边说："上班期间不要打私人电话。"大家立马清楚了是怎么回事。原来，有一位职员整天抱着电话和女友聊天。但很少使用该座机的职员，也没有任何解释，这事就这么稀里糊涂地过去了。好在，使用座机的职员主动认账。

在诸如这样的事件中，很少使用座机的职员就有必要对主管的疑问做出一定的解释，你不好意思解释，就可能要背这个黑锅，但解释也不宜太多、太过，让人心领神会即可。

交浅言深，其实就是情商低

宋代文学家苏东坡说过："交浅言深，君子所戒。"不少人便把这句话当成"座右铭"。交情本来没有那么深，但说的话却好像很铁的样子，这是为人处世之大忌。有时做场面可以，但话要点到为止，明明刚认识，才喝了一杯茶，就开始"有事您说话""你的事就是我的事"，这就有点太虚假了。

"交浅"就是来往少，双方不熟悉、不了解；"言深"

是把心里话毫无保留地掏给对方。显然这很不妥当，也是做事不牢靠的表现。欠缺社会经验的人，定要懂得这个道理。

那么，通过一些小事，看懂对方，不正是无须言深，即可交深之理吗？

有些人易犯这个毛病，与生人打交道，对方一客套，做出一副很重视他的样子，他便会暴露自己的低情商——知其然，不知其所以然。一支烟、一杯酒的工夫，便觉得对方挺把他当回事儿，开始把话题往深里聊。

你所讲的是私事，双方交情又比较薄，有点情商的人，一般是不愿意听的。不让你讲，又显得冒昧、失礼。所以，就假装听你讲，"嗯""啊"过后，通常会收起话题。第一次就让人感到你无趣，那接下来就无话可说了。有些事对方不直说，或许是给你面子，不要急着挖掘所谓的真相。可怕的是，犯这些错的人，还以为自己真性情，其实只是情商低，分寸感差。

比如，在某一个场合，你这样与一个陌生的女性搭讪："你的老公还好吧？"对方定会觉得你有精神病，或图谋不轨。如果你和某位女士只是一般的同事关系，你问她："你的老公还好吧？"恰巧对方正在闹离婚，那她会觉得你话中有刺，或者认为你在可怜她，又或者觉得是在刺探消息……总之，她一定会疏远你。当然，你是无辜的，只是成年人的社交圈里，自带许多"雷区"，为了保险起见，为什么不聊聊流行的电视剧呢？

在生活中，最典型的交浅言深，就是那些一年也未必见一次的朋友、亲戚问你：为何还不结婚？还不生小孩？一个月赚多少钱？房子买在哪里？轻易地问出这些让人难以回答的问题，归根结底，是因为不尊重他人的底线。

好朋友不是交浅言深，而是好言有度。心理学发现：让我们烦恼的，往往不是冷漠，而是热情过度，缺少了边界。许多人说"人过三十难交友"，是因为很多人在这个阶段都有了各自的生活、工作、目标，很难再有更多的共同经历。真正的好朋友相处应该是这样的：言简意赅、好言有度。你知道对方的边界在哪里，越界的部分，即使有提及的必要，也只是轻轻一点，他懂得你的好意，也知道你会尊重他的选择。这一点无言的默契，便胜过万千词不达意的交浅言深。

当然，碰到交浅言深的人，要注意自己的回应方式。常见的情形是，你到一个新环境，有人就会立马告诉你，此处这不好，那也不好。别以为这是热情，这其实是是非。初来乍到，一切都是陌生的，多观察、多思考、少探听、少说话是尽快适应新环境的明智之举。尤其是这样的几种人，我们必须与之保持距离：一是吃过一两顿饭，就把一些不满情绪全部倾诉给你听的人；二是刚把苦水倒给你，转过头又向别人说同样的话的人；三是喜欢搅浑水，整天鼓捣八卦消息的人。

正所谓"君子之交淡如水"，淡才能长久。与人交往，在言语上应该保持淡：有话在心里，该不该对人说，有没有必要说，说到什么程度，一定要因人、因情而异。这是一种修养，是一种情商，谈不上狡猾不狡猾，诚实不诚实。人生在世，能交上一个知心朋友，确实不容易。有时往往要经过多种考验，多方面了解之后才能确定。"路遥知马力，日久见人心。"就是这个道理。交友之不易，决定了出言必谨慎。

有些人少言寡语，不善说笑，一样可以交到朋友。因为语言不是人与人交流的唯一工具。伯牙子期，通过音乐成为知己；常昊、李昌镐十年争霸，一生敌手，却也是一生的挚友，凭的是围棋这"玩物"。人与人沟通，有时无须"言"，什么事都非要通过语言来表述，那这个朋友交得也太憋屈了。

两难的话要悠着点说

每个人都常遇到两难的情况：进也不是，退也不是。这个时候，最考验一个人的情商。低情商的人要么退，要么进，而高情商的人，则会根据场面或进或退，或者不进不退。

生活中有很多这样的实例。如当你发表一个观点也好，一个牢骚也罢，经常会有人回复"呵呵"，这其实是一种似是而非的回应。因为他不便说"是"，也不便说"不是"，"呵呵"就是向你表明一种态度——你看，我想不得罪你，也没法对这个事做评价。人若心实了，很可能会顺着别人的话讲下去，或对他表示赞同，或表示反对。

言而不尽是人生的一大说话策略，尤其在场面上，说话不能太尽意，"犹抱琵琶半遮面"是最理想的效果，它既可以不得罪人，也不会让人"穷追猛打"。

一个财主晚年得子，那叫一个高兴。孩子满月那天，不少人都来祝贺。财主问一个客人："这孩子将来怎么样？"客人甲说："这孩子将来能当大官！"财主大喜，给了赏钱。财主又问另一个客人："这个孩子将来怎么样？"客人乙说："这个孩子将来要发大财！"财主又赏了钱。财主又问第三个客人："这个孩子将来怎么样？"客人丙说："这个孩子将来要死的。"财主气坏了，把他打了一顿。

说奉承话的得钱，说真话的挨打。既不愿说奉承话，又不愿挨打，怎么办？有人只好说："啊呀，哈哈，啊哈，这孩子嘛？哈哈……"

从这个故事中不难看出，知而不言、言而不尽是一种说话的境界。知而不言是一种智慧，言而不尽是一种内涵。对人不必全部言尽，言尽就会失去朋友。对人也不可太真，太真就会伤害自己。有些话，能不说就不说，说了很可能会得罪别人。嘴能哄人，也能伤人，关键就在于怎么说话。嘴上不让别人舒服，是最愚蠢的行为。所以高情商的人说话，让人听了很舒服。

有一间办公室，四个人办公，三个精明人加一个老实人。一项任务下来，大家分摊着干，每次老实人干的活儿最多，拿的绩效却最少。老板是个明白人，也想关照他，开会的时候，让大家汇报一下工作成果。三个精明人没有拿得出手的结果，一味强调工作难度及自己无形的努力——老板你看问题可要全面啊，不是我没付出，只是我的付出你没有看到而已。老实人说，其实三天的活儿一天就能干完，为了配合大家的进度，自己经常要放慢节奏，有时会帮同事一些忙。而且还说，老板啊，你的管理真有问题，你直接把活儿分摊给我们不就行了，为什么让我们自行分配，我人老实，面子还薄，老是蒙头吃大亏。结果，一番话把老板和同事都得罪了。其实，老板是个精明人，谁干得多，谁干得少，他心里也很清楚。只是这个老实人情商太低，说话直，还得罪了人。

很多公司都有这样的规定，定期或不定期让员工在会上阐述自己的工作成果。因为好多工作涉及同事或部门间合作，一味讲自己的功劳，会贬低别人，一味强调合作，自己的那份又显得太小。所以，这也是一个两难的问题。

遇到此类问题，最聪明的做法就是先把成绩摆出来，再谈自己的努力，以及工作中存在的问题，最后提一下同事或上级的帮助。大家都靠结果吃饭，不要太谦虚，是自己的就是自己的，不是自己的不要去争。同事帮助过你，要表示感谢。成绩是实的，面子是虚的，虚实结合，面面俱到，才不失平衡。当然，大家都和稀泥的时候，你也要搅上一棍子，不要把是非、得失界限划得那么清。

不懂得知而不言，言而不尽的说话艺术，得罪人就在所难免。所以，要让两头都舒服，有时就不能全说实话，也不能全说假话。人生本就虚虚实实，幻象丛生，活得太真或是太假都是一种负担。

如果你随便问一个朋友：你喜欢什么样性格的人？往往得到的回答是：性格豪爽、直来直去，说话从不拐弯抹角的人。但实际上仔细观察生活中的事情，你却会沮丧地发现，人们似乎都会说谎：那些直来直去的人未必真正受欢迎。这又是为什么呢？

这个现象很好理解：我们之所以会表示自己喜欢直来直去的人，是因为对方的心思很简单，我们能够一眼就看出来，不用花费精力去猜度。然而，由于直来直去的人说话、做事不会转弯，看到什么说什么，想到什么做什么，不注意事情的细节和后果，很容易揭别人的老底，损害他人的颜面和利益。所以在现实生活中，我们又会对直来直去的人敬而远之。同样的道理，对于谎话连篇的人，我们也会持同样的态度。

那么，最好的做法是既会说真话，又会说假话，并且把真话与假话说得相得益彰，很有分寸感。无疑，这需要较高的悟性与情商，不可以看到什么就说什么，想到怎么做就由着自己的性子乱来。否则，不可避免地会给自己或他人带来尴尬与伤害。

多谈论事实和感受，少品头论足

一个人的修养，不仅表现在谈吐涵养、行为举止上，也体现在能管好自己的嘴巴，不随意道是非上。在现实生活中，有的人总是迫不及待地以上帝般的姿态介入他人的生活，对其品头论足、指手画脚。甚至有时候，他们会以爱的名义，去粗暴地践踏他人，嘲笑他人的处境。

可以说，这些人欠缺做人最基本的教养，那就是不随意指点别人的生活，尤其是说一些偏激的、指责的话。

小王是一家首饰店的销售专员。一次，一对情侣来店里选购首饰。他向男方推荐了一款5888元的首饰，结果，对方说价格太高了，他只想订购一个1000多元的戒指。女孩在戴戒指的时候，他对她说："我真不敢想象，你怎么能和这样的男人结婚，难道他要用这么便宜的戒指向你求婚？太不可思议了。"

那个女孩说，结婚并不一定需要上万的钻戒和兴师动众的仪式。

事后，他还把这件事发到了朋友圈，并附上了自己的评论，大意是说，这个男人好奇葩，竟然只花1000多元给女友买戒指，着实让他大开眼界，并且怀疑那个女孩子被对方的甜言蜜语给蒙骗了。他本以为有人会为他点赞，同意他的看法，结果没有一个人点赞或回复。

其实，每个人都有自己的生活方式，我们无须对他人品头论足。生活中，我们常听到别人说："管好你自己就行了。"言外之意是，你这个人太多事，总是用自己的标准去要求别人，却总是认识不到自己的问题。

在我们身边，这样的人并不鲜见，再来看一个例子。

一次，刘强跟几个朋友吃饭，他说："有个18岁的女孩子跟我说，她找了个34岁的男朋友。我当时就有点傻了，她怎么会找比她大这么多的老男人，难道世界上没有男人了吗？这年龄也相差太多了吧。"

在场的另一个男性朋友也很诧异："34岁？是有一点老，可能人家有魅力吧。"

但在场的一个女性朋友却说："我真是不理解，你们为什么对此会感到奇怪呢？其实，这很正常啊。"

刘强说："你要知道，那可是 34 岁啊，都快大她一倍了。当干爹还可以。"

那个女性朋友却说："我真的不觉得有什么好奇怪的，至少我是可以接受的。但我接受，不代表我会这么做。再说了，我真心觉得没必要总去评价别人的事。"

刘强当时愣了一下，因为她说的那句"没必要总去评价别人的事"，正是他经常用来教训别人的话，怎么到头来自己却做不到了？

看到别人与自己的生活方式不同，便怀着各式各样的心思去猜测、非议别人，觉得对方有什么问题，这种行为本身就是欠缺情商的。在公开场合，随意评价别人，不但会有失体面，也显得缺乏教养。所以，千万不要急着当别人的裁判，你只是别人生命中的一个过客。

很多时候，我们总是急着根据表面的部分事实去做判断，以为亲眼所见便是真，但事实上，越是急不可耐时做出的判断，失误的可能就越大。比如，男朋友工作忙，忘记了你的生日，你会觉得他心里没有你，不值得托付，孩子考试没考好，父母会骂道，"你怎么这么笨"；工作中，同事把你的私事泄露给别人，你会想这人品行不怎么样……

可以感受一下，当我们在心里对他们做出评判的时候，我们的心里充满了偏见、愤怒甚至傲慢，评判他人只会让自己衍生出更多的负面情绪，导致更多的失望和痛苦，阻碍我们冷静、客观地看待当下所发生的事情，让自己活在沮丧和怨恨之中。

每当我们对事、对人进行评判的时候，实际上我们是在为其贴上一个又一个简单的、不能提供任何有效信息的标签，而且我们也很容易把评判当作事实，尽管它们并不是事实。情商高的人不会随意评价别人，如果一定要评价，也会注意方式与方法。比如，你不说一个人品行"不好"，而是说"我还这么信任他，他居然背叛我，我真是无言以对"。这样的话同样可以表露自己的不满和愤怒，但又不至于激怒他人。

再比如，当你嫌弃自己的老公收入不高，不能为家庭提供宽裕的生活条件时，千万不要抱怨他没能力，甚至怒不可遏地指责他是个"窝囊废"，最好换一种方式表达："老公，你看孩子马上就要读中学了，我们一定要让他上最好的学校，你认为呢？"

但是，在我们的生活中，评判总是无处不在，我们似乎早就养成了动辄进行评判的习惯。实际上，评判没有什么帮助，它不能让我们心情舒畅，反而会让我们越发痛苦。把我们的情绪想象成一簇火焰，评判就是一根根木柴，我们做出每一次批判，不论是大声说出来还是心里所想，都等于在为情绪的燃烧添加燃料。

情商高的人总是能在人际交往中如鱼得水，游刃有余。

让自己时刻处在幸福安全的处境和氛围当中，一个重要原因就是，他们极少对他人品头论足，即使评价他人，也会注意说话的方式，让说出来的话更容易被人接受；而情商低的人喜欢妄言，喜欢对鸡毛蒜皮的小事纠缠不清，喜欢把别人踩在脚下，却从来不喜欢讲道理。结果，他们把自己的生活搅得一团糟，最后还会陷入无止境的抱怨和痛苦。

余秋雨说过："成熟是一种明亮而不刺眼的光辉，一种圆润而不腻耳的声响，一种不再需要对别人察言观色的从容，一种终于停止向周围申诉求告的大气，一种不理会哄闹的微笑，一种洗刷了偏激的淡漠，一种无须声张的厚实，一种并不陡峭的高度。"

在生活中，我们要学会控制自己的情绪，掌握平衡的自我，提高自己的情商，学会不探究、不评价、不在意，这样，才能在阳光下灿烂，在风雨中奔跑，走好自己的人生之路。

与损友断交不出恶声

天下没有不散的筵席，恋人分手、夫妻离异、朋友反目、员工跳槽，就如同家常便饭一样，算不上什么稀奇事。"好聚好散"说起来简单，真要分开了，心里难免会有纠结、怨气甚至仇恨。

俄国作家果戈理写过一篇《伊凡·伊凡诺维奇和伊凡·尼基福罗维奇吵架的故事》。这两个伊凡本也是好朋友，但是，因为一笔交易谈不拢，便又吵又骂，断交不说，还打起了官司。这类断交形同儿戏，太轻率，不可取。现实生活中，这样的闹剧举不胜举，有的甚至演变为悲剧，真正能做到好聚好散的并不多。

《史记·乐毅列传》中记载了这样一个故事：

两千多年前，燕国的老国君将乐毅奉为上宾，可是新国君燕惠王即位后，乐毅却转投了燕国的敌国赵国。乐毅离开燕国，是因为燕惠王在即位前就和乐毅不和，后来又有人从中离间，乐毅不得已才出走赵国。可是燕惠王难忍乐毅的背叛，特意派一位使者去赵国数落了乐毅一通。大概意思是说：乐毅您为自己打算当然没错，但是您拿什么来报答老燕王生前的知遇之恩呢？乐毅写了一封长信给燕惠王，其中便有"臣闻古之君子，交绝不出恶声；忠臣去国，不絜（通'洁'）其名"。意思是我听说古代的君子，与人断绝交往时不说令人难堪的话；忠心耿耿的臣子离开自己的国家，不会只顾自己洗刷名誉。

乐毅在信中，不断地为自己的行为辩白，这样的做法不免有"絜其名"的嫌疑。他甚至说"善作者不必善成，善始者不必善终"，意思是，善于开创的不一定善于完成，开端好的不一定结局好。用伍子胥没有预料到君主的气量而被投江的下场，来为自己避祸。

其实，人的一生难免会遇到分手、断交等情况，尽管覆水难收，但也不要只图一时痛快，说出令人难堪的话语，不要一味地为自己洗刷名誉，而锐意攻击对方。不说令人难堪的话，是因为这样大度地分手，双方依然可以保有最后的情谊和尊严；也不要为自己辩白，虽然离开了故地，却永远无法抹去曾经的一切。

交朋友，有结交，就有可能断交，或叫绝交。君子断交不出恶声。如果发现自己交的是假朋友，是"昵友""贼友"，或"道不同，不相为谋"，就没必要继续交往下去，但在断交时要注意方式方法，免得因此落下不好的名声。常见这样一种情形：两个人相好，亲如兄弟，一旦翻脸，似不共戴天的仇人一般。相互口诛笔伐，这不是君子所为。一个有修养的人，即使与别人中断往来，也不会口出恶声。

有个年轻人，人很善良，因为争抢客户，和一位同事闹了些误会。那个同事一气之下，选择与他断交，还恶狠狠地数落了他许多不是。这位年轻人没有做任何解释，有些人看不下去，事后对他说："你也太窝囊了，怎么能让他这么说你，我都想上去揍他。"他说："他的脾气我知道，这事我有错，我也向他解释了，听不听是他的问题。

他有没有错，自己也清楚。"那位同事虽然逞一时口舌之快，但也清楚问题不全在对方，又见对方如此宽厚、仁义，过了一周，再也坐不住了，主动打电话约他吃饭，并表示了歉意，痛骂自己"有点欺负老实人""让人看不起"，上演了一出现实版的负荆请罪。

用你的善良与仁义对待别人的恶语相向，体现的是一种情商，一种气度与雅量，而不是懦弱。尤其在公众场合，是非对错，各位看官的心里都有杆秤，你出恶声，必然会被贴上"背后论人是非""小肚鸡肠"等小人所特有的标签，再想撕下来就很困难了。这对你增加人脉是极其不利的。高情商者不会说断交者的坏话，也不会向别人透露一些隐情，越是有人挑拨，越会君子范儿十足。毕竟，做不了朋友，还是可以做点头之交的，何必把人说得那么不堪。再说，暂时的断交并不意味着永远绝交，说不定日后双方还有可能重归于好，因为当初断交可能是意气用事，也可能是出于小误会，抑或小人从中作梗，世事难料，谁又能说得清呢。

所以，为了给自己留个好名声，要话上留一线，别把人一句话压死：如果是自己的错，就没有道理责怪对方；如果是对方的错，他若有悔悟，良心发现，必会愧疚于你。"君子断交不出恶声"体现的是君子风范，万不可逞一时泄愤之快，而恶语相向，那样人心与局面就都很难再挽回了。

满嘴讲道理的样子真的很讨厌

大凡有些社会阅历的人，都有过这样的感觉：当自己的朋友遇到烦心事，来找你诉苦的时候，你经常会感到无话可说，不知道该安慰他，还是数落他，结果，你很可能会跟他讲一大堆做人做事的道理。

如果非要选出最让人讨厌的低情商的沟通方式，"讲道理"一定位居前列。与人沟通的关键是"理解"，理解的意思就是我们明白对方的处境，并且知道对方的感受。这听起来很简单，但是确实不那么容易做到，因为很少有人教我们，如何表达自己的感受，就更不用说理解他人的感受了。我们一直以来习得的都是"道理"，就好像我们跟父母长辈的沟通，我们是讲道理的，我们应该怎么做，他们应该怎么做。

所以，在与人交往的过程中，面对很难过的朋友，我们总是觉得有很多话没办法讲出来，原因在于，我们不会表达自己的感受，我们不知道如何跟对方沟通。在这个世界上有那么多人，每个人都是不一样的，成长环境也是不一样的，哪里会有一个道理能够适合所有人呢？所以，当一个人特别难过的时候，还有人跟他讲道理，我们就会说，讲道理的这个人情商太低了。

一次，何经理在工作中遇到一位难缠的客户，他快被对方搞得崩溃了。那天，他一下班就约了一个朋友，想向朋友吐槽一下，以缓解自己的心头之闷。

结果，他坐下来点了两杯酒，刚开始吐槽，就被朋友无情地打断了："我说小何，你听我说。"之后，他语重心长地说了一大段话，全是大道理：你这么大一个人了，不能再像个孩子；在职场上，你应该更加专业一点，要有个经理的模样；做事不要再那么情绪化，如果情商低，还怎么干事业？越是面对这样的人，你就越不能生气，否则他就得逞了；你要硬气一点，君子要做，小人也要做啊……

对方一口气讲了30分钟，听得何经理迷迷糊糊。虽然这些话听上去都在理，而且这样的道理他也懂，但是，他却什么话也不想再说了，只顾闷头喝酒。之后，不管再遇到什么烦心事，他都不会再找这位朋友诉苦了。

无论是在生活中，还是在工作中，所谓的道理讲得越多，越会让听的人心里堵得慌，越会打消其沟通欲望。而讲道理的人往往没有意识到这一点，他们是真的想为对方好，但最后也真的总会被冷落。

满嘴讲大道理这种低情商的沟通方式，不仅让别人讨厌，也会让自己受委屈。他们对人的情绪感受力准确性较差，或者没有感受力，导致说话做事对人的情绪感受照顾不周，只能套用一些僵硬的道理或沟通方式，所以显得情商很低。

一般高情商的人，总能对人的情绪和感受有着敏锐的感知，并在这种感知的基础上有一系列应付办法，因此，在人际关系处理上比较有分寸，让人觉得恰当舒服。

动辄喜欢讲道理的人想要学会沟通，先要学会理解别人，而理解别人的前提是理解自己。如果我们一味活在各种道理中，那我们就无法理解自己。因为我们始终在做这样的判断："我这样对不对"，"我这样应不应该"，而不会想"我为什么会是这样""我想要什么"等。只有我们越来越能理解自己时，才能体会到别人的感受，透过对方的每个表情包和语气，来捕捉他们或担心、或快乐、或焦虑的心理，从而理解他们沟通的原因和目的。所以说，理解和感受的力量，要比讲道理大很多。

第五章
做事要有分寸感，
权衡利弊知进退

　　中国人一直很讲究一个"度"：过犹不及，多了少了都不好，一直都好也不好，见好就收才是好。这个"度"，其实就是分寸感。做事有分寸感，处世权衡轻重，做人知进退，才是高情商的表现。

可以做老实人，慎做"老实"事

做事死板、教条，甚至认死理的人，往往不受领导与同事的喜欢，而且自己做事也缺少分寸感。为此，他们时常会陷入迷茫：怎样才能让自己变得灵活、不死板呢？

其实，这归根结底是个情商问题。情商低的人在做事方面有一个显著的特点，就是执拗，"只知低头拉磨，不懂得抬头看路"。许多时候，他们比谁都勤恳，比谁都用心，成绩单也很漂亮，但就是情商低到没有朋友，不管做什么工作，给人的直观印象都是执拗、死板、耿直，甚至有些不通人情世故。这也会恶化他们的生存环境，让他们丧失应有的竞争力。

所以你会发现，大多数的领导岗位，都是面向积极、乐观、活泼的高情商者开放的，向来与执拗的低情商者无缘。

在某公司的一次庆功宴上，有个老员工多喝了两杯，便略带自嘲地对老板说："如果论勤奋，你不如我，但是论成功，我却根本不敢和你比。这是为什么呢？"

老板听后，一脸的愕然："我为什么一定要比你勤奋呢？

我从来没有想过要靠勤奋来赚钱，尽管我也起早贪黑过，那是很久以前的事了。那时，我为老板工作，比你们现在要辛苦，却没有你们挣得多。如今这个社会，只靠勤奋是很难发财的。"

这位老员工不解地问道："发财不靠勤奋，那要靠什么？"

老板调侃道："既然大家都那么勤奋，就算缺了我一个，地球不也照样转吗？我的长处，是提供让别人有机会勤奋的工作职位，而不是我要比他们更加勤奋！"

勤奋不是坏事，但是你每天勤勤恳恳的时候，也要多问问自己：我是人才，还是人力？

现实生活中，勤奋的人并不都是有本事的人。很多时候，未升职加薪的人并不是不勤奋，而是因为他们只知一味蛮干、苦干，忽略了工作之外的一些东西，如人际关系等。

现实中，很多人只有情绪，没有情商，他们很容易被说服，被激励，被塑造。他们总是在别人的激励下才会向前奋进，为了赢得他人的信任，他们会埋头苦干，甚至由于自己的愚昧和鲁莽，给别人带去麻烦，但是，他们很少会想着主动改变，改变自己的执拗与死板，让自己成为一个适应情势变化的高情商者。

多年前，小李的一位邻居是做水果生意的。这位邻居一年四季忙得四脚朝天，只有大年初一、初二能休息两天，但他要用这两天时间走访亲朋好友。其余时候，每天半夜他就要起来上货，午饭也是随便对付一口。几年过去了，他的生活未见多少改善，还落下了一身毛病。有时，小李会照顾他的生意，每次碰面，他都给人一种疲惫不堪、落寞无奈的印象。

有人也劝他，可以改善一下经营模式，他只是说，干这行多年了，好歹知道门道，其他的生意真的没有考虑过。

一个光知干而不知看的人，往往是一个不识眉眼、不懂分寸的低情商者。不只是做生意，做任何事情都是这个道理。这样的人大多缺少适应新环境的能力，而且在工作上鲜有体面的职位，即使他们担任单位主要职务，也可能会将最脆弱的一面暴露给一些投机型的下属。

看过《圣经》的人都知道，犹太人的生存法则之一是培养勤勉的习惯。他们认为对于勤劳的人，造物主总是给他最高的荣誉和奖赏，而那些懒惰的人，造物主不会给他们任何礼物。但是，犹太人还认同《塔木德》中的教诲："仅仅知道不停地干活显然是不够的。"

观察一下你的周围，你会发现一个不争的事实：无论在人缘还是在职务晋升方面，会看的强过能干的，会说的强过会看的，情商高的胜过会说的。这并不是否定那些只会干工作的人，而是给那些低情商的人一点忠告，别只知道"低头拉磨"，也要多留些心眼儿在做人上！

116

树大招风，低调是一种自我保护

有古语说："天不言自高，地不言自厚，以万物为参照，可洞观一己之不足。"意思是，天地虽没有自己说自己如何高如何厚，可人们都看得见天地的高旷宽广，是它养育了万物生灵——真正有学识、有涵养的人是不会得意忘形地到处炫耀自己的。

不管什么时候，在职场上生存，从来都是低调者胜利。因为只有低调了，才能从那些高调的人身上学到东西。只有低调了，才能放下身段，做事情不跟别人计较，做好每一件事情。综观职场上小有成就的"老江湖"，其实他们都是低调的高情商者。

从某种意义上说，高情商就是低调，就是隐忍。这看似平淡，却是高深的处世之道。当你高调的时候，就会招到普通人的反感和嫉妒，必然被推到舆论的风口浪尖。南宋著名爱国词人辛弃疾有一名句："君莫舞，君不见，玉环飞燕皆尘土。"这句话的意思就是说："做人，不要太得意忘形了，你没看见吗，杨玉环、赵飞燕这样的人物都做了尘土。"

古人亦有云："地低成海，人低成王。"生活需要低调，为人处世更不可不"低调"，低调代表着成熟和理性。低调的人，往往是不凡之人，也是最后的强者。唯有低调的人才能够在现如今的世态纷扰之中坚持淡定从容的志趣，以平和乐观的心态来面对风云莫测的人生。

如果有人认为，为人处世低调是因为没有能力和实力，也就是说缺少底气，那就大错特错了。恰恰相反，低调往往既是一种修养，一种很高的精神境界，又是高情商的体现。所以，不要整天自以为是，认为自己是天下第一，别人都是末流的。如此，不但学不到什么东西，也是肚子里没有"墨水"的表现，还会引起别人的误解。高调者在这方面的教训不可谓不多。

公司里有位刚刚毕业不久的年轻人，对老板、同事十分热情，每次见面都抢先打招呼，出去吃饭老争着付账，从不吝惜自己赞美的言辞，还经常给大家散发一点小礼物，结果弄得同事都很不自在。

过了一段时间，老板把他叫去，问："你是不是对现在的位置有什么想法？"他很郁闷：为什么我待人多一点礼貌，反而会被认为是想升职呢？不是因为他的礼貌，而是因为他的高调。这就是过犹不及的道理。做过分了，跟做不到位是一样的，甚至有时候还不如做不到位呢。

何况你现在还没有多大成就，即使你是个人物了，也要学会与人低调共事。低调不是低人一等，不是一味地忍让，也不是与世无争，而是一种超越别人的智慧，一种以退为进的攻伐之术，一种不争而获的谋略，更是一种自我保护。

这个世界上最难的事是与人相处，在与人相处中，若不懂低调，就会遭到别人的排挤、打击，甚至招致灾祸。低调做人，低调处世，才会在那些所谓的"强者"面前更好地生存和发展，才能更有效地保护自己。所以，说话办事，别把自己端得太高。这不仅是做人做事修炼的目的，也是生存的需要。否则，你会经常把自己置身于危险境地，让自己处于四面楚歌的被动局面。

谁不想指点江山，谁不想一呼百应，谁不想出人头地，谁不想位高权重？但是头不可以强出，尤其在一个团队中，说话办事一定要照顾别人的感受。做人平凡一点、低调一点不为过，如果怕在众人中隐没了自己，而刻意表现自己，事做过头，话说过头，很容易引起身边人的反感。如果你有些能耐还好，让别人看到你的价值，也许能赢得一片赞誉。怕就怕潜伏在你身边的、比你能力更强的人不显山、不露水，你没两下子，却急匆匆跳出来要当大王。如此，别人明里不说，暗里也会给你找些不自在，这不是面子不面子的问题，而关乎你的生存与发展——接下来，你会遇到跨不完的绊子、跳不完的坑。大王没当成，却落了一身不是，何苦呢？

可以不拘小节，但要有分寸感

中国人一直很讲究一个"度"，常说的过犹不及就是这个意思，多了少了都不好。所以说万事须讲"度"，率性而为不可取，急于求成事不成，心慌难择路，欲速则不达，过分之事，虽有利而不为，分内之事，虽无利而为之，是为"度"。

这个"度"其实就是分寸，也是人生当中最难把握的两个字。做事有分寸感，是高情商的标志之一。做人可以不聪明，但一定要有分寸感。每个人都要找到自己的位置，应该是你的，才是你的；不该是你的，连想一想都不要。

身边的人之所以一个个离你而去，不是无情，也不是缺乏容忍之心，是你做事缺乏分寸感。当他们与一个处处都不能让自己感受到贴心、舒服的人在一起时，这种交情又能维持多久呢？如果你做任何事情，都让他们都看不惯，甚至感到不舒服，那他们还愿意接近你吗？当然不会。

三毛说过："朋友之间，分寸不可差失。"一个有分寸感的人，往往是高情商的人，懂得什么话该说，什么事该做。他们能在循序渐进中走进对方的世界，既互相独立又适度包容，建立细水长流的关系。高情商的人，通常都是温暖的人，会把他人放在心上，从不迎合，但却懂得照顾他人的感受。

小赵的部门调来一位很强势的女上司王总，作风很跋扈，很多人都大呼受不了，但小赵一直不卑不亢，坚持原则做事情。

比如，王总很喜欢让大家加班，经常因为一些无关紧要事占用大家的休息时间。大多数人敢怒不敢言，即使有十二分不情愿也只能顺从，但小赵不怕得罪她，总是会明确拒绝不必要的加班，完成自己该完成的工作后，该做什么就做什么。所以，王总对她颇有意见。

小赵是公司的骨干，业务能力出色，对公司的贡献大家都有目共睹，但小赵从来不居功自傲，更不邀功，关键时刻，还能顾大局。

一次，王总在和客户讨论某个方案时，客户提出了很多意见，就在王总不知如何应对时，小赵提供了一些思路，客户连连称赞。见王总面子有些挂不住，于是小赵说："我这个思路之前也是和王总一起想出来的，但当时我们都不太确定这个想法是不是够成熟，就采用了之前那个相对保守的。"一句话帮上司打了圆场，也强调了自己在团队中

的角色，让双方都很舒服。

什么叫分寸感？这就是分寸感。它的另一个说法叫"自知之明"。也就是说，你要先知道自己的位置：你是谁。然后了解你在别人心中的位置：别人眼里你是谁。最后，根据这个定位，做你能做的且适合做的事情。

平时，我们之所以欣赏那些高情商的人说的话和做的事，是因为他们总能把刁钻的问题、难办的事情用很巧妙的办法解决，他们说话的时候，总是让人感觉很舒服，和别人打交道的时候，也总会站在对方的角度考虑问题。

到底高情商的人说话办事有哪些套路呢？这里给大家做一个简单的总结：

一、多看少说，把事做透

做事情要看场面与人，如果并未看得通透就开始喋喋不休，只会招来他人的厌烦。所以高情商的人遵循一个基本的原则就是多看少说，并且把事做得很透，该提醒的，会提醒一句，该替人兜着的，提前就做好了工作，你说这样的做事风格和方法怎能不令人欣赏？

二、回应中透露真诚

对于别人的事情，高情商的人特别注意回应别人，但是很少正面回答别人，也就是你向他要态度，他的态度很明确，但是你向他要答案，他真的没有，因为他不能轻易给你答案，但是他的回应中却充满真诚，这就是他们做事的巧妙之处。

三、为人圆融，但不圆滑

平时，我们非常讨厌特别精明的人，因为你不能明确地知道他心里到底是怎么想的，很多时候感觉他们很难应付。高情商者为人处世也比较圆融，但是这种圆融又不会让你感觉他很圆滑。圆滑的人没有原则，高情商的人有原则、有底线，让你找不出任何漏洞。

四、做事不做绝，但非常坚持原则

不管做什么事，高情商的人都会给你留退路，他们非常清楚，给别人留退路，就是给自己留退路。但是在原则性的问题上，他们绝不会有任何的侥幸心理。所以高情商之人处世，既有灵活性，又有原则性。

一个有分寸感的人，是一个做事得体、说话微妙、言行进退有度的人，在刚柔张弛之间透出一种力量感和智慧感。这样的人，在成功的路上必定会走得顺风顺水。

学会恰到好处地谦虚

我们都听过一系列让我们谦虚做人的名言："满招损，谦受益"，"三人行，必有我师"，"虚心使人进步，骄傲使人落后"……

中国文化素来提倡谦虚。比如，曾国藩非常强调谦虚谨慎的重要性，他说："天地间唯谦谨是载福之道，骄则满，满则倾也。"在书信、日记中，曾国藩反复强调谦虚谨慎的可贵，告诫家人、部将不要沾染傲气。

谦虚，会让人觉得你有分寸、会做人，从而大大增加别人对你的好感。谦虚常常被看作高情商的表现。

谦虚的典型代表之一是演员黄渤。他的情商高，在于恰到好处地谦虚，不只是表面功夫、油嘴滑舌。

有一次记者问他："你能否取代葛优？"

这种突如其来的、刁钻的问题，最能考验一个人瞬间的情商。

如果这个问题没有回答好，就会留给媒体许多想象的空间，甚至会被恶意炒作，让自己声誉受损。黄渤是如何应对这个问题的呢？他说："这个时代不会阻止你自己闪耀，但你也覆盖不了任何人的光辉。我们只是继续前行的一些晚辈，对这个不敢造次。"

采访播出后，大家都非常佩服黄渤的高情商，夸他机智又谦逊。黄渤的谦虚，是历尽沧桑的智慧，审时度势的应对，不虚伪不造作，是恰到好处的谦虚——在肯定别人的同时，也不贬低自己。

让别人觉得自己"谦虚"，其实也不难，但要做到恰到好处，就特别考验一个人的情商了。在现实生活中，我们都可能听到过这样的对话："哪有，我身材走形了，你穿起来肯定更好看。""你真是过奖，我觉得做得还不够好，希望你多提宝贵意见。"

……

这些话，乍一听，是谦虚，但仔细一想，未免把自己的姿态放得太低了。这种讨好式的"谦虚"，其实是过于谦卑。"放低姿态、抬高别人"的谦卑，未必就能获得别人的好感。

人不能凡事都谦卑，否则就是虚伪，一旦别人觉得你这个人有些虚伪，许多事情就不好办了，因为人们都不太愿意与做作、虚假的人共事，即使与你有交往，也会以虚伪回敬。所以说，谦虚是应该的，但不应把自己的姿态放得太低。

有一次，蒋方舟和徐静蕾受邀参加了《圆桌派》节目。在节目中，徐静蕾独立自信，不卑不亢；蒋方舟则谦卑、局促，尽量迎合每个人的观点。当嘉宾产生争论时，蒋方舟常常用自嘲、讲段子的方式，去和每一个人取得共鸣。

后来，她在另一个节目中说自己有一种"讨好"他人的心理："我因为太希望别人喜欢自己了，而成了一个谄媚的人。"蒋方舟年少成名，一直活在被关注中，受到外界的太多评价，见了不少权威长辈，让她一再处于谦卑、妥协的状态。

在职场里，过于谦卑的人，往往是"软柿子""背锅侠"，也有可能是"阴谋家"。这是因为许多低情商的人，他们的谦虚往往显出一种不自信、软弱。比如，有些人在面对面试官或领导时，总是表现得非常谦卑，不是点头哈腰，就是口口声声称"是"，这都是不自信的表现。

其实，谦虚与自信并不对立。真正的高情商者，谦虚中透着不卑不亢，从这种态度中，你可以看到他们的自信，却不是傲慢。所以说，没有自信的谦虚叫作懦弱，没有谦虚的自信叫作傲气。

谦虚待人、淡然处世是一种高情商，你可以不具备这样一种情商，但必须有一颗谦虚谨慎的心。一个懂得谦逊的人，才是一个真正懂得积蓄力量的人，谦逊能够给别人一种低调、沉稳、有实力的印象，这种印象有助于为自己营造一种积极的舆论或生存环境。

为别人付出，要讲究平衡

人与人交往，不论在友情，还是在金钱方面，一定要讲究分寸。因为从经济学角度来看，人与人之间的交往，本质上也是一种等价交换。这里所说的等价交换，不仅仅表现为单一的货币意义上的等价交换，更多的是一种间接的，或者说很难直接用金钱来衡量的利益的交换。它不仅可以体现为金钱与物质的交换，体现为金钱与劳力的交换，也可以体现为纯的感情与感情的交换等。

所以，在人际交往中，过分透支自己，或过分向对方索取，都会打破某种微妙的平衡，势必对其中一方造成伤害。

比如说，朋友有辆二手车要卖，标价5万元，你说："看在咱们这么多年交情的面子上，再让我5000元好不好？"5000元相对5万元，只是1/10，如果做个顺水人情，成交也不是没有可能。

如果你和对方讲："哥们儿，看在铁哥们儿的面子上，再让我2万元吧。"这就有点过了！即使是真朋友，也没有这么谈生意的。如果对方愿意，送给你都没有问题，即使是再好的朋友，也要考虑对方的代价，也要注意双方之间的得失与平衡。

高情商者很注意把握这一点，不管是与富人相处，还是与穷人相处，他们都会站在对方的角度考虑问题，谨慎向对方索取的同时，也会掌握付出的分寸——既不让自己付出的代价太大，也不会让对方有"受不起"的感觉，尽可能让双方都保持一定的舒适度。

在实际操作中，如何把握这一点呢？

一、要量入为出

在为他人付出时，要以自身的能力，而不是对方的能力为标准。许多人会因为面子，过度地透支自己。比如，有朋友结婚，你要随份子钱，多少合适呢？是 500 元，1000 元？还是 2000 元，5000 元？一要看别人怎么随，二要看自己的情况。如果别人都 500 元，你非要 5000 元，没问题；如果别人都 5000 元，你 500 元，也没问题。关键是随礼要考虑自己的承受能力。

请客吃饭也是这个道理。比如，你请别人吃饭，一次可能要花好几百块钱，对他来说算小 case，对你来说可能就是一周的伙食开支。一两次，你可以适当破费一点，大方一点，如果每次都由你做东，没钱硬撑面子，就是穷大方了。这是典型的死要面子活受罪，是一种低情商。如此，非但讨不来面子，还可能因此引发别人对你的负面评价。

二、要有选择性

在财力、精力或能力有限的情况下，你要学会选择性地付出，不是说每个向你提出要求的人，你都得"照顾"到，也不是对方的每个要求都必须满足。虽然你不怎么善于应酬，但今天A要求你出席一个活动，明天B要和你吃一顿饭，一个月的时间，你有30天在应酬，你忙得过来吗？忙不过来，就要学会说"不"。

如果你不能与某些人应酬，一定要告诉他，因为你的时间是提前计划好了的，希望他理解你的难处。不能说所有应酬都要照顾到，即使都照顾到了，也不见得有人会理解你的难处。

好多事情都是这样，在你不能皆顾的时候，一定要学会选择，学会放弃，否则会把你累死，最后还落不下一个好名声，弄得自己里外不是人。

三、要保持本色

你是不是带着目的性来与他人交往的，对方会看得很清楚，有钱、有地位的人对这个很敏感。敏感的不是你的人品，而是安全距离。如果对方对你没有要求，或只要求一分，你献十二分的殷勤，去百倍地回报，对方会"受宠若惊"，定会想办法把你堵回去。比如，你在某场合认识一个集团老总，虽然只是一面之交，事后你又是拜访，又是送礼，热情得不得了。你的目的性如此的强，对方定会想办法与你保持安全的距离。

总之，在为他人付出时，一定要讲究平衡——平衡各方利益，平衡自身得失，平衡生活与工作，而不要一味讲究面子或透支自己。

帮助朋友，一定要掌握好尺度

一个"用"字，从中间切开，即为"朋"，深意可以理解为有用即为朋，做朋友，一定要让朋友用得着你，反过来也一样，但要防止失度。在平时的交往中，为朋友付出，不能太想当然。在这个问题上，好多人都把握不好尺度，最终"好心没好报"，教训可谓深刻。

比如，朋友有事相求，或托你求个人情，或让你办些事情，明明事情很难办，但碍于情面，你是帮还是不帮呢？不帮，朋友可能说你不近人情；帮，未必就是友情的体现。许多时候，帮还是不帮，怎么帮，是要讲原则的，不要以为朋友开口就一定要尽力而为，如果失度，不但朋友难做，好事也会办成坏事。

在为别人付出这件事情上，一定要适可而止，量力而行，掌握好其中的尺度，不可以越位。比如说，大家关系好，又是朋友，你人缘又不错，帮他，是你的本分，帮不到他，你要让他理解你的难处。不能说，你这个人好说话，就得背上这种负担，这违背了做朋友的初衷。

在帮助朋友的方面，高情商的表现是，在朋友需要帮助的时候，总是能够雪中送炭，当然这需要极高的悟性；另外，自己也要有足够的帮助朋友的能力。同时，如果帮不到朋友，也不要用"我无能为力"或"实在没有办法"把对方堵回去，而是把拒绝巧妙地变为"规劝"，并且让对方实实在在地感受到：朋友是真心为我好。这样，即使帮不上忙，也不至于伤了朋友间的情分。

可见，与朋友相处，拥有高情商是多么的重要。其实好多人都明白这个道理，但就是把握不好其中的度。建议大家下次在帮朋友时，要先思考三个问题：

一、要不要帮

首先，如果以损害别人的利益为前提，这个忙不可帮。即使朋友提出来，也要态度明确，如果朋友没向你提出帮忙的请求，就更不要多此一举。

再就是，如果可能帮倒忙，那就要慎重考虑了。如你开车不熟练，朋友喝了酒想让你送他回家，最好帮他叫辆出租车。否则，万一帮了倒忙，朋友是该感谢你，还是该责怪你呢？

另外，有些朋友很看重利益，你不断地帮他，他把你当朋友，一旦你帮不到他，朋友关系立刻瓦解，并对你怀有几分幽怨。这种人是帮不过来的。许多人都遇到过这样的朋友，你与他们关系亲密之后，他对你的要求会越来越高，总以为别人对自己好是应该的，你稍有不周或照顾不到，就有怨言。由此很容易形成恶性循环，最后损害双方的关系。

二、能帮到什么

在确定要帮朋友后，就要考虑自己的实际情况，办不到的事要提前和朋友说清楚，免得日后生变。比如，你到国外出差，朋友说国外某品牌化妆品便宜，便要你捎几盒回来。结果你买的比在国内还贵，原来，朋友说的是美国的价格，而你去的是意大利。

再就是要量力而行，如果朋友的这个忙让你付出的代价太大，那要酌情考虑：是不是可以再想些别的办法。比如，朋友张嘴向你借100万元，你把房子卖了也没有这么多钱，你只能说"一两万元没问题，多的话，你再想办法"。

所以，帮助朋友一定要知道朋友真正需要什么，且你在哪些方面可以帮到他，如果想帮，确实帮不到，一定要和朋友如实说明你的难处。

三、如何去帮

有些事自己也办不到，可以动用自己的人脉关系，帮他找更合适的人。比如说，朋友有一个很好的项目寻找合作方，你可以通过人脉关系帮他寻找合作的伙伴。再比如，朋友不懂英文，你的英文比较好，多少可以帮到他一些，如果你的水平还不够，那你可以帮他找更专业的人。其实许多事情就是这么做起来的。

都说高情商的人善于"麻烦"别人，其实，高情商的人也善于帮助别人。尤其是朋友遇到困难时，他们知道哪些忙能帮，哪些忙不能帮，帮忙该帮到什么程度，从而以一种朋友最能接受的方式去出一份力，或以高明的话术婉拒而又不引起朋友的误会。对于普通人来说，该如何拿捏这其中的分寸，就看个人情商的造化了。

学会与人合作，不要输在较劲上

在一个团队中，我们能很明显地看到这样的一种现象：高情商者善于合作，善于将对抗转化为协作；低情商者善于搞对抗、搞破坏、搞事情。不管做什么事情，高情商的人都能表现出一种合作、奉献精神，他们知道，只有通过人与人之间的相互合作才能实现一个团队的使命与价值。所以，高情商者会把自己的利益和团队的利益联系在一起，并且会感恩领导、同事、客户等对自己的帮助。

低情商者往往怀有一种"打工"心态：我为这个团队付出多少，就要收获多少，同事之间只有竞争关系。

殊不知，一个人只有学会了与别人合作，才能打开成功之门。所以，人们常说：小合作有小成就，大合作有大成就，不合作就很难有什么成就。大雁有一种合作的本能，它们飞行时呈"人"字形。因为为首的大雁在前面领路，能帮助它两边的大雁，形成局部的真空。科学家还发现，雁群以这种形式飞行，速度要比单独飞行快上近 1/10。这些大雁飞行时，还会定期轮流做头领。可见，和谐合作可以产生"1+1>2"的效果。

人类是天然的群居物种，但又具有把合作弄砸的"天才本领"。为了测试这个"本领"究竟有多大，有学者做了次人性的"暗黑实验"，借以了解人们在什么情况下会放弃合作。

　　在这个实验中，首先让两名实验者上场：甲和乙。实验组给甲 100 美元，乙什么也没有得到。甲必须把 100 美元分些给乙，给多给少，由甲自行决定。

　　如果乙对所获得的馈赠感到不公平，可以拒绝——一旦乙拒绝甲的分配，实验组将收回 100 美元，甲和乙，都将分文不得。

　　理论上来说，甲无论给乙多少，乙都应该明智接受。因为他一旦拒绝，对两人都不会有半点益处。但实验结果大大出人意料。很多情况下，乙的选择明显不理性，一旦他认为甲给自己的太少，宁肯自己分文不得，也不想让甲拿到钱。

　　据测算，一旦乙得到的不足甲的 1/3，合作就会失败。乙的计算是：以我的损失，换你三倍的代价，值了！

　　通过这个实验，可以计算出社会性合作的分裂点——分配不公关系不大，但当这种不公形成三倍压力之时，当事人就会毅然决然，砸锅碎碗，不跟你玩了。这可以用来解释现实生活中的许多"不合作"现象。

最典型的一个例子就是频繁跳槽，有些人能力确实不行，但更多的人则是因为较劲，因为情商不高。比如，一个人勤劳、踏实，把自己的付出看得太重，一旦遇到不公正待遇，就觉得自己受到了莫大的委屈，但又缺少抚平心理创伤的妙方，那怎么办？

硬干！甚至会不计后果，鱼死网破地乱拼一气。

如果让实验中的甲退场，由一台计算机取代，随机给乙派发现金，如果乙感觉不公平，人机合作即告破裂——这种情况下，乙突然间变成了超级理性的人，无论计算机分给多少钱，他都会欣然接受，绝对不会拒绝。

这个实验证明，许多情况下的不公平，不是针对事，而是针对人。

这就不难理解，人类为什么天生喜欢与人竞争。要摆脱竞争，必须认识到人生事业不是一锤子买卖。一次利益分配不公平，还有下一次。怕就怕输不起，非要在一件事情上较劲。更何况，职场中从来没有绝对的公平，公平是建立在不断博弈之上的。你在博弈中处于下风，在竞争中就会处于不利的地位。

再比如，会表现的员工，领导在办公室的时候，气氛永远是"团结、紧张、严肃"，不"活泼"；领导不在的时候，气氛会变得异常活跃，可以海阔天空，说说笑笑，如吹吹牛皮、聊聊足球……大家干一样的活，拿一样的薪水，你能说对你不公平吗？因为眼前的一点得失而心态失衡，变合作为对抗，就是缺乏情商的表现。

较劲，就是较量，不服输。高情商的人勇于与自己较劲，不退缩；与高手较劲，不让步；与困难较劲，不低头……低情商的人，唯独会和眼前一丁点儿的利益得失较劲，所以许多时候，他们输的不是智商，而是情商。

事不可做绝，须保持弹性

现实生活中，很多事情都不是绝对的，都不是非黑即白的。所以，高情商的人做事不会争孰是孰非，说话做事总是能给自己和别人留一点余地，既能够让自己避免尴尬，也能够和别人处好关系，就像画家作画"留白"一样，太满则韵味全无。低情商的人，说话做事直来直去，总是给人一种咄咄逼人的感觉，会让人感到不舒服。

遇事要留有余地，不可把事情做绝了。人生一世，千万不要使自己的思维和言行沿着某一固定的方向发展，直到失控，而应在发展过程中冷静地认识、判断、掌控各种可能发生的事情，以便能有足够的回旋余地来采取机动的应对措施。

宋朝时，有一位精通《易经》的大哲学家邵康节，与当时的著名理学家程颢、程颐是表兄弟，和苏东坡也有往来。但程氏兄弟和苏东坡一向不和。邵康节病得很重的时候，程氏兄弟在病榻前照顾。这时外面有人来探病，程氏兄弟得知来人正是苏东坡后，就吩咐下去，不要让苏东坡进来。躺在床上的邵康节，此时已经不能说话了，他举起一双手，比成一个缺口的样子。程氏兄弟有点纳闷，不明白他做出这个手势是什么意思。不久，邵康节喘过一口气来，说："把眼前的路留宽一点，好让后来的人走。"说完，他就咽气了。

邵康节的话是很有道理的，因为世上的人情世故是复杂多变的，任何人都不能凭着自己的主观臆断，来判定事情的最终结果。对于每个人的人生来说，更是浮沉不定，常常难以预料。

有一位年轻人，因在单位里与同事产生了一点摩擦，心情比较烦闷。一怒之下，他就对那位同事说："从今以后，我们之间一刀两断，彼此毫无瓜葛！"这句话说完不到三个月，那位同事成了他的上司。因他讲了过重的话所以很尴尬，只好辞职另谋高就。

因为把话讲得太满而给自己造成窘迫的例子，在现实中随处可见。但这样做的结果，就像把杯子倒满了水一样，再也滴不进一滴水，否则就会溢出来；也像把气球充满了气，再充就要爆炸了。做事要留有余地，不要把人逼上绝路；说话也要留有余地，不能把话说得太满。因为凡事总有意外，留有余地，就是为了容纳这些意外，以免自己将来下不了台。

即使与人交恶，也不要口出恶言，更不要说出"情断义绝""誓不两立"之类的过激的话。不管谁对谁错，最好都闭口不言，以便他日狭路相逢还有个说话的"面子"。少对人说绝话，多给人留余地，这样做其实并不是仅仅为对方考虑、对对方有益的，更是为自己考虑、对自己有益。这是对双方都有好处的。

俗话说："三十年河东，三十年河西。"在当今社会发展日新月异的时代，人情世事的变化速度无疑更快，社会生存的空间也变得越来越小，用不了"三十年"就可能发生此消彼长的变化，人们相互间更是"低头不见抬头见"。如果把话说得太满，把事做得过绝，将来一旦发生了不利于自己的变化，就难有回旋的余地了。

总之，人之一生说短很短，说长也很长，世间事恰如白云苍狗，变化很多，所以不要一下子把路堵死了，这对自己是非常不利的。

楚庄王是春秋五霸之一，也是很有成就的一位君王。他忍辱负重，能屈能伸，历史中说，他三年不鸣则已，一鸣惊人，一飞冲天。他沉潜很久之后才出来发挥。所以楚庄王之所以有成就，是因为他处事留余地。他是一国之君，对底下的人都恭敬。

有一次，楚庄王宴请群臣，灯灭了，黑暗中妃子被人非礼，她把非礼之人的帽带扯断，然后让庄王点火，把犯错的人揪出来。有时人做事情，要为对方甚至要为远处想，如果马上把火点起来，请问这个人以后怎么在人群中立足？每个人看到他，"连君王的妃子都敢非礼"，那他没有其他的路可以走了，这样会逼死人。

幸好楚庄王没有受妃子影响，对着群臣讲："今天大家要喝个痛快，不把帽带喝扯下来就不要回去了。"大家一听，都把帽带扯断了。帽带都扯断就不知道是谁了，这就不会让人难堪了。后来楚国跟晋国打仗，就是那个臣子冲锋陷阵，去解救楚庄王的。

故事的结论是：给人家留余地，最终会对自己有利。再从另一个角度讲，不给人留余地会没命，可能不只自己没命，把事给做绝了，"出乎尔者，反乎尔者"，最后"积不善之家，必有余殃"。

小事要稳，大事要狠

世界上最大的痛苦莫过于你觉得你很不错，但别人却不这么认为。比如，有的人聪明过人，家境教养甚好，但在职场上，他们却无法做出一份良好的业绩，到达足够傲人的位置。

到底哪里做得不好？原因很简单，因为职场不是学校。在学校，你比拼的是学习能力，是智商，但在职场上，决定你事业高度的，是你的情商。职场如战场，有时你需要变得稳一些，有时你需要狠一些。这样，才能应对复杂的局面。

前两年互联网金融概念异常火爆，有个朋友借势创办了一家P2P借贷网站。除了100万元启动资金，又说服一个大佬给他投了200万元，拿到钱便开始招兵买马。公司运营了大半年，业绩惨淡，入不敷出，生意根本不像概念炒得那么火。300万元的本金眼看要耗完了，接下来给员工发工资都成了问题。于是，他又四处找钱，结果再没融到一分钱。

要继续干下去，只有一条路：裁员。裁谁呢？都是没日没夜与自己一起奋斗的哥们儿，大家以公司为家，亲如兄弟。有人建议降薪，他不同意。有一次，他请全体员工吃饭，在饭桌上，他哭得稀里哗啦，一把鼻涕一把泪，说对不起这个，对不起那个，还说自己没本事，不能给大家提供更好的机会。一席话，把一桌人感动了，有人也是借着酒劲儿号啕大哭，场面甚是壮观。

号啕过后，擦干眼泪，他还是向兄弟举起了"砍刀"：你几个走人，你几个留下来。一刀砍去一大半。事后，人人都骂他无情无义，做人太冷血，他一脸的不屑："我一个快死的人了，还顾什么面子，随你们骂去，再说也骂不死人。"

这是一个活生生耍狠的例子。市场无情又残酷，做老板，你软，你就得等死；你狠，方有活下来的可能。任何行业都有竞争存在。要想做好一件事，或做成一件事，心必须狠。现在，社会上掀起一股创业热潮，综观那些创业成功者，他们之所以能做成事，凭的就是狠劲儿。

那些商界大佬坐在荧屏前侃侃而谈时，我们习惯认为，这些牛人头脑过人，背景不凡，或有特殊的家族连带关系。这些固然是做成事的必要条件，但是，我们往往忽略了他们身上的狠劲儿。这种狠劲儿是什么？就是破釜沉舟，就是自断后路，就是拼死一搏，没有这股狠劲儿，很难在商海中杀出重围。

换一个角度看，狠，就是要敢于逼自己，你不狠，就会被淘汰，你狠了，你才有机会。故"狠"也可以解释许多职场现象。

趋利避害是人的本能。如果不是现实所迫，一个人通常是不会主动放弃稳定、体面的工作的。现实生活中，之所以有人这么做，背后定有不为人知的原因。当你看这个人一事无成，却在那夸夸其谈，说当初是为了所谓的"梦想""事业"放弃了家庭、工作，其实背后往往有不便说、不能说的缘由。像许多人选择创业，是不得已而为之，是被逼出来的。再看身边那些习惯频繁跳槽的人，他们可能会说是为了寻找更好的发展机会，其实许多时候是因为他们没有竞争优势。人总是在被形势所逼迫时，才会狠下心来做一件事。

如果形势所迫都不能让你产生一股子狠劲儿，那说明你情商太低了，如此再谈什么理想、抱负，就纯属娱乐大众了。

C先生是一家公司的库管，人很精明。他的工作很轻松，闲时就是唠嗑吹牛侃大山。老板不满意他的工作成果，多次和他说："这么简单的工作，能不能干好一点?!"他说："老板啊，我每天都快忙成陀螺了，你就是看不到，我一闲下来，你横竖看我不顺眼，我真的好冤枉啊。"所以，平时该怎么干还怎么干。

别人善意提醒他，好好表现吧，老板不高兴了。他会说"干这个有啥出息""给你们多少钱这么卖命呀"。他的理想很丰富，朋友圈经常发宝马、奔驰的图片，然后来一段励志心经：三年要成高帅富，五年要成土豪……看那架势，十年八年之后，就能做上市公司老总了。总之，你们等着瞧吧，我能量满满，只差时势来造就我这个英雄了。

后来有一段时间，没见他在朋友圈炫。有一天，他在微信上给朋友留了言：能不能借我点生活费啊，没钱吃饭，把公交卡都退了。这么惨！朋友一问怎么回事，他说被一个做传销的朋友骗了。"牛人"就是"牛人"，就是情商低得出乎所有人的意料。

小事做不好，还看不起这个，瞧不上那个，常常仰着脖子做梦，就不嫌自己累啊。我们常说，对人要善，就是不要看不起身边的任何人，哪怕他做的工作再不值得一提。对事要狠，就是要能潜下心来做好自己的事，一步一个脚印往上迈。人只有达到了一定的境界，事业做到了一定的程度，说出来的大话才有可信度。否则，小事靠不住，大事办不了，整个人的分量也就没有了。

第六章

看破不点破，
能装会演不穿帮

　　不管你怎么做，都有人议论；
不管你有多好，总有人厌恶。在
我们的生命中，总有不请自来的
人，也有挽留不住的人，要学会
不苛求、不在意。有时糊涂便是
精明，看破不说破，看穿不揭穿，
世事洞穿，天真不泯，就是真正
的修养。

太精明了，也是一种低情商

许多高情商的人，其实都是很谦卑的，看上去憨憨的，但是，他们常把别人放在心上，内心包容而友善。而精明，则意味着你在尝试使用某种技巧左右他人的情绪，进而达到自己的目的，是精致的利己主义者，本质上是自私的。

一个人越精明，越自以为是，他们眼中看到的越是算计、套路、厚黑，故其习惯在蝇头微利上表现出高人一筹的智商。而那些高情商的人，往往有一种大智若愚的智慧，他们在别人眼中算不上精明之人，但是，在人际交往或工作中，总是能表现出过人的才干，而不是谋略与心机。所以，高情商的人有更强的适应能力，有更好的口碑，并且在工作中能做到尽心尽责。

周先生是一位设计师，人不算精明，一副大老粗形象，但是心思细腻，干出的活很漂亮。初入职场的那几年，他一直在一家公司工作，后来辞职自己开了一家装饰公司，下了血本，却没怎么赚到钱。后来发现，问题出在用人上。开始他只用机灵能干、手脚麻利的，结果不少人钩心斗角，做事爱计较，团队内部缺少和谐的气氛。后来他改变了用人思路："来我这儿应聘的，我一看就很精明的，一概不要，我只要那种普普通通的，看起来有些闷闷的人，这样的人有成为高手的潜质。"

为什么？经验告诉他，那些看来像高手的人，更善于包装自己，而看起来普普通通，行事比较低调的人，通常很有实力。

生意人刁钻的眼光，常人很难懂。不同的行业，不同的企业，在选人用人时，侧重的才能与性格不尽相同，但是有一点是相通的，那就是人太精明了，走哪儿都不受欢迎。不是精明人不会干活儿，而是他们的心机很少会用在做事上。

打工、创业是一个道理，能创业成功，头脑必须聪明，但不能什么都看透了，不肯吃一点苦。要成事，必须高情商地谋事、做事。否则，越精明越平庸。

人太精明了，就会看空一切，就会自以为是，就会把智商当情商用。为什么要那么拼，走捷径不好吗？世间哪有那么多捷径可走？路都是一步一步走出来的，不努力就不会有结果。当然，精明做人不是坏事，但精明露骨，情商不足，终究难成气候。

人的智商相差无几，家境比你好、能力比你强的人有的是，想出人头地，到最后还不是拼努力、拼情商！低情商的人往往不是那些笨人，而是那些没法向前看，却自以为聪明的像怨妇一样的人。

该读书时就踏踏实实读书，该工作时就踏踏实实工作。永远不要想着投机，想着走捷径，凡是想着"我要比别人更精明"的人都很难成功。有些人之所以穷，不是缺机会，也不是缺智商，而是心穷，脑子灵光着呢——你和他说什么，他都说是忽悠，都说是假的，你只能说"你真聪明"！

人生如戏，禁忌本色出演

在现实生活中，大多数人都看不惯很做作或虚伪的人，似乎更喜欢人们本色出演。但是，当一个人不加任何修饰地表现自己的言行与修养时，我们又呼："哇，这让人怎么受得了！"

其实，成人世界中原本就没有什么纯粹本色出演的人。人生如戏台，做人多少都是要"装"一点的，不装，你会与这个世界格格不入，装，又要适度，不能太过，否则会遭人非议。所以，把握其中的尺度，就非常考验个人的情商了。

做人做事，有时是需要装一装的。装人，要装得有分量，有格调，不能只看道具，修养、实力，更重要的是这些要符合个人的气质，拿捏好其中的分寸，让别人看着舒服，大家也就不会在意你是不是刻意在装了。比如，许多人通过一些企业家在公开场合精彩的演讲，了解了企业的正面形象，觉得企业很有实力，很有社会责任感。其实，这些企业家私下的生活一点也不讲究，和普通人一样，甚至企业背负的巨额债务，让他们夜不能寐。但是在公众面前，他们还是要表现出一副自信、乐观的样子。

再比如，有些小老板和客户谈一笔买卖，客户首先考虑的一定是他的实力。在谈的时候，他就得装一点。从接送客户，到安排住宿等，需要通盘考虑。如果是个贵客，接客用租来的面的，晚上把客户留在办公室，或随便找一家小旅店打发了，那这个生意根本没得谈。

有位朋友是一家公司的业务经理，常年出差在外。他们公司有明确规定，拜访客户，如果客户不解决食宿问题，一律要住四星级以上酒店，禁止员工到街边旅馆住宿。不是公司钱多花不出去，而是要向客户展现公司的实力。

不管是企业，还是个人，能装会演，都是一种必需的生存智慧。许多时候，你不演，或演不到位，立马会被淘汰掉，被忽视掉。但演一定要符合自身的气质特征、经济条件，这样才能产生效果，而不要犯上面故事中那位美女的错误。

不管是装，还是演，都是要看情商的。有的人比较爱炫富，爱炫有钱的老公，或绕不开吃喝拉撒，这就显得很没情商。高情商的人，往往会在个人阅历、气质、素养等方面下功夫，让自己说出的话、做出的事令别人更舒服。所以说，高情商的人不但会装，而且心里始终会装着别人。

不说蠢话，不要给人添堵

大家都听过这样一句俗话，"揣着明白装糊涂"。在生活中，许多时候看起来有点"蠢"、有点"傻"的人，却可能是一个真正明白的人。他们为什么会有如此的表现呢？是因为他们清楚地知道，精明的人会被人防备，只有装傻的人才能及时扬长避短。说到底，这是一种高情商的表现。

有一次，小玲准备去参加一个大学同学聚会，走的时候，因为太匆忙，不小心把裤子划了一个大口子。她本来想回去换一条，但时间来不及，就只好咬着牙去了。

在聚会上，小玲的注意力始终在自己的裤子上，面对老同学的问话，她有些心不在焉。见有人注意她的裤子，她的脸上会显出一种掩饰不住的尴尬，其实明眼人一看就知道发生了什么。

有一位坐在她对面的男同学见状，对她说："真不巧，今天天气有点阴冷，我看你穿得少，一定很冷吧。如果你不介意的话，把这件外套盖在腿上吧。"

小玲刚想拒绝，对方就礼貌地把外套递了过来。聚会后，小玲对另一个同学说："那虽然只是一件小事，但让我感到很温暖，当时就对他顿生好感。"

马有失蹄，人有时会失意，为人处世，很难事事都顺。在这个故事中，那位男同学不露痕迹地帮助老同学化解尴尬，让人如沐春风。可以看出，他是一位十足的高情商者。

高情商者说话做事，最基本的守则是"不要给人添堵"。在此基础上，再考虑锦上添花、雪中送炭。

高情商的人一半聪明一半糊涂，把聪明的眼光看向自己，对自己的缺点错误能够心如明镜、明察秋毫。同时，他们会把糊涂的目光看向别人，眼中看不到别人的对错得失。即使看到了，也懂得看破不说破，因为他们懂得如何给别人自尊和主导的权利，并站在别人的角度去照顾对方的感受。

几年前，阳阳刚进一家公司工作，与丽丽在一起办公。因为相互间有许多共同的话题，于是两人很快成了好朋友，周末经常一起去K歌、逛街。

有一次逛商场时，阳阳挑了好几件衣服，丽丽都说不好看，最后两人空手而归。回去的路上，阳阳问丽丽："我觉得那几件衣服挺好看的，难道就没有一件是适合我的吗？"

丽丽瞪着眼睛说："我真是服你了，其实我想说，那根本不是衣服的问题，只是你皮肤黑，身材又差，穿上当然不好看了。"

阳阳一听，脸都绿了。她说自己有点事要去处理，于是扔下丽丽自己离开了。后来，阳阳和同事说，自己当时差点被丽丽给气晕，真没想到她是那样一种人。对此，丽丽却不以为意，她说："难道说实话也有错啊，明明长着水桶腰，却非要把自己当模特，能怪衣服难看吗？我劝她，也是为了她好，否则她肯定会浪费钱。"

没有人不喜欢被人赞美。许多时候，人们也能认识到自己的不足与缺点，也知道自己做某一件事情的结果不尽如人意，但是还是想听到别人的肯定，得到别人的欣赏，这是人性使然。如果你一味地与人性对抗，以为自己很聪明，看到了别人看不到的问题，想到了别人想不到的方法，一味地自说自话，就显得情商很低。所以说，情商高的人一定会满足别人内心的渴求，而情商低的人只会摧毁别人的心理期望。

高情商者的聪明往往藏在糊涂中，他们说话办事很在乎别人的感受、面子，很少逞一时口舌之快，或做损人不利己的事情。有一句话是这样的："我们花了两年学会说话，却要花上一生来学会闭嘴。"

一个人如果总是把自己当聪明人，说一些大家都知道却不便说、不能说的事，不仅会让别人难堪，也会给自己贴上低情商的标签。

当我们看到别人的错误，要学会委婉地指出来；当别人撞上尴尬的事，我们要尽可能去为对方遮丑；如果别人有某些缺点，我们尽量不要暴露它们。这样做，不但会赢得对方的好感，也会体现自己的高修养。

看破不点破，才是好朋友

真正聪明的人，言行举止往往不会引人注目，相反，他们往往行事低调，非常擅长装糊涂，以此来避免一些不必要的麻烦。有些事，他们只是假装不知道，假装没看透。其实别人玩的那些弯弯绕绕的套路，都尽在他们的掌握之中，只是，他们看透不说透，不愿过分计较，更多地展现出包容和体谅。

春秋时期，晋国有个人叫郤雍，他自幼善于观察，能从别人的言行举止中推断对方的心理活动，而且非常准确，因此有了点名气。

有一天，郤雍在街上散步，正走着，他忽然指着一个人说："赶快抓住他，这个人是小偷！"人们听了，一拥而上抓住那个人，送到官府，官员一问，这人果然是个小偷。

大夫荀林父问郤雍："你走在大街上，又没有看见那个人偷东西，你怎么就能准确地断定他是个小偷呢？"

郤雍回答说："那个人在大街上来来回回走了很多趟，并不像买卖人，于是就引起了我的注意。随即我就发现，他一看见卖的好东西，眼睛就直了，且面露贪婪之色，总想占为己有，在人家摊位边上转来转去舍不得离开。每当摊主警觉地看他时，他又非常不自在，举止显得很尴尬。他发现我一直在注意他时，便表现出害怕恐惧的模样，很想立即甩掉我。因此，我断定他是个小偷。"

荀林父听了，心里十分佩服。

不久，晋国遇到了灾荒年馑，庄稼颗粒无收，庄稼人生活极为贫困，很多人因为缺吃少穿被迫当上了强盗，一时间偷盗抢劫的案件频频发生。

官府多次派人四处查缉捕捉盗贼，虽然用尽酷刑，也无济于事，并不能遏止偷盗抢劫的案件发生。面对偷盗抢劫行为的日益猖獗，官府毫无办法。

有人向官府推荐郤雍说："郤雍善于察言观色，而且能够看出来谁是小偷，可任用他来捕捉盗贼。"当时，大夫羊舌职听说官府要让郤雍担任抓捕盗贼的领导，非常遗憾地对手下人说：

"让郤雍捕捉盗贼，但是郤雍过于聪明，很快就会有大批盗贼被捕，必然会引起更多盗贼的痛恨。况且，只有郤雍一个人出面抓捕盗贼，即便他有再大的本事，也不会将盗贼一网打尽的。故郐雍不久必死无疑！"

手下人听了，自然半信半疑。

羊舌职话说了没出三天，果然传来郐雍在郊外抓捕盗贼时被杀的消息。

"察见渊鱼者不祥，智料隐匿者有殃。"即使你能把事情看得透彻精辟，也不应该处处显露出来，宁可佯装糊涂一些，也不用看透说透。古人说，"水至清则无鱼，人至察则无徒"。太清的水里养不住鱼，过于较真的人没人追随。所以，无论是当领导还是处朋友，明于内而憨于外，做到看透不说透、难得糊涂，便会时时主动，游刃有余。否则，过分较真苛求别人，就会处处被动，事事受制，不但朋友做不成，领导恐怕也不好当了。

有一次，朋友在微信群里发了一个段子，大家都觉得挺有意思，都在嘻嘻哈哈地评论，小李突然跳出来说："说什么好呢？我三年前就看过这个段子，你们真是太落伍了。"他的这条消息一发出，好长一段时间，群里都没有人再说话。大家隔着屏幕都能感觉到那份尴尬。

还有一次，工作群里一位年纪稍大的同事发了一条消息。很快，小李就一本正经地回复他："张哥，这是谣言，官方早已证实了。"之后好长一段时间，群里都静悄悄的。

有些人为了刷存在感，总是习惯语出惊人，或讲一些奇谈怪论，以表现自己过人的阅历与才智。其实在生活中，每个人的经历与见识都不一样，有些事情对一些人来说，是新鲜的、好玩的、有趣的，但对另一些人而言，可能显得乏味、无聊。所以，不要急于表现自己的观点、好恶，更不要刻意营造"众人皆醉，唯我独醒"的优越感。

看破且说破，是情商大忌。特别是在大家相聊甚欢的时候，不留情面地说破，不但让场面陷入尴尬，也挫了别人的兴致，最后不仅把天聊死了，还会因此得罪人。

相比之下，高情商的人就很会说话，不该说的不说，该说的却要点透。比如，朋友请你吃饭，选了一家低调奢华有内涵的店，但大家都没注意到这一点，于是你说："强哥你真厉害，我还是头一次来呢，我听说这家店生意太火爆了，提前一个月预订都未必能订得到呢。你居然能订到，真是让你费心思了。"这种话一说，主人和客人都觉得有面子，皆大欢喜。

在人际交往中，与人沟通并不是为了表达自我，显示自己的聪明，而是为了避免尴尬，为了增进了解。许多事情，心里明白就好，说得太清楚了，反倒让人不自在。但有些事情需要点破，而这个度需要自己去把握，这就要看个人的情商了。

可以指点，但不要指指点点

　　乐于助人、赠人玫瑰是好事,但一旦跨过了帮助的"度",变得好为人师,那赠人的就是带刺的玫瑰,你沾沾自喜,以为手留余香,却不曾发现,对方手中扎满了刺。

　　孔子说:"三人行,必有我师焉。"孟子说:"人之患,在好为人师。""必有我师"是谦逊求知,"好为人师"是自大无知,是情商低。好为人师的人,经常会站在自我的角度上来评判他人,用自己的偏见和所谓权威,在一知半解的基础上,影响和左右他人。他们的目的是获取某种智识和思想上的优越感,从而获得自我成就的满足感。

　　阳明先生说:人生大病,在于一"傲"字。好为人师者,向来自傲。他们自视过高,不能清楚地认识自己,也不会懂得敬畏他人,总是带着批评的眼光看待一切,鼓吹自己的知识和见解。他们说:"听我的没错,你放心好了。"他们问:"我和你讲了这么多,你听明白没有?"他们批评:"错啦,错啦,怎么能这样?"他们劝导:"说实话,你就按照我说的做。"他们疑惑:"我和你说话,你怎么就不听呢?"……

虽然，在许多问题上，人们要向专家、权威请教和学习。但是，一味好为人师，就是太把自己当回事了。这样的人一般情商都高不到哪里去，也容易犯井底之蛙的错误——经常只看到一点点的天空，便呱呱乱叫。

正如巴甫洛夫所说："无论在什么时候，永远不要以为自己已经知道了一切。不管人们把你们评价得多么高，你们都要永远有勇气对自己说，我是个毫无所知的人。"

19世纪，法国知名画家贝罗尼前往瑞士度假，每天都背着画夹四处写生。有一天，他正在日内瓦湖边画画，迎面走来三位来自英国的女游客。这三位女游客端详了一会儿，就开始点评起贝罗尼的画作。这个说这里不好，那个说那里不对。

贝罗尼丝毫也没有生气，反而逐一进行修改，并向其致谢。到了第二天，贝罗尼前往另一地点写生，恰巧又碰到了这三位游客。她们似乎遇到了点问题，在交头接耳地说些什么，于是看到贝罗尼就前来询问："先生，我们听说大画家贝罗尼正在这儿度假，所以特地来拜访他。请问你知不知道他在什么地方？"贝罗尼朝她们微微弯腰，回答说："不敢当，我就是贝罗尼。"三位女士大吃一惊，转而想起昨天的不礼貌，一个个都红着脸离开了。与谦卑的贝罗尼相比，这三位好为人师、乱为人师的女士显得贻笑大方。

泰戈尔说："当我们是大为谦卑的时候，便是我们最近于伟大的时候。"

普列汉诺夫也说过："谦虚的学生珍视真理，不关心对自己个人的颂扬；不谦虚的学生首先想到的是炫耀个人得到的赞誉，对真理漠不关心。思想史上载明，谦虚似乎总是和学生的才能成正比，不谦虚则成反比。"

好为人师者，不懂自谦。真正的大师，却从来都是谦逊的。他们能虚心接受他人的批评，耐心听取他人的意见，不以自我为中心，不妄自菲薄，也不敝帚自珍。

好为人师者，不允许他人用自己理解不了或不赞同的方式生活，总想给别人指导。他们的行为，其实并没有那么多"为你好"的成分，更多的是容不得参差多态的狭隘，是对自己选择的不自信，总想拉着其他人一起，以寻求安全感。

所以说，支配欲和控制欲强的人多数好为人师。许多时候，他们自己的人生已千疮百孔，却自以为是地充当别人的"导航者"。

在人际交往中，不要好为人师，不要教别人怎样生活，怎样做饭、怎样穿衣、怎样打扫卫生……都不要教别人，除非别人有需要，你再给个建议。把姿态放低一点，不轻视，不傲然。正如哲学家约翰·洛克所说："不良的礼仪有两种：第一种是忸怩羞怯，第二种是轻慢。要避免这两种情形，就只有好好地遵守下面这条规则：不要看不起自己，也不要看不起别人。"毕竟成年人的世界里没有绝对的正确，也没有绝对的错误。因此，也就没有了为人师的立场，无非都是探讨和交流。

装傻充愣，看清盘面再说话

装傻充愣是做人的一种境界！守拙的智慧在于，心头洞明，表面糊涂。明明什么都知道，却一副懵懂无知的表情。这种人情商高，不张扬，不自诩高人一等，平易近人，反而更易得到众人的欢迎。

社会是很现实的，人心更是难测的。当你的聪明外观锋芒毕露时，你往往易遭人妒忌。那又何必呢？炫耀自己，无非想让人高看你，无非为了虚荣、脸上有光，但当你在职场被排挤，不能尽情挥洒时，一定要自我反省：是不是自己太聪明了？

有位女孩，平日只是默默工作，话并不多，和人聊天时总是面带微笑。有一年，公司里来了一位好斗的女士，很多同事在她的主动攻击之下，不是辞职就是请调。最后，她把矛头指向了这名女孩。一天，她点燃火药，噼里啪啦一阵后，谁知那位女孩只是默默笑着，一句话也没说，偶然只会说一声"啊"。最后，好斗的女士只好主动鸣金收兵，但也已气得满脸通红，一句话也说不出来。

后来大家才知道，原来这位女孩的听力不太好，有时，理解别人的话会有些困难。大多时候，当她仔细聆听别人的话语并思索其意思时，脸上都会出现"无辜""茫然"的表情。

这个故事说明了一个事实：在"沉默"面前，所有的语言力量都会消失！尤其对好斗的人，装傻充愣对其锐气有意想不到的杀伤力。

在复杂的人际关系中，你不惹别人，不等于别人不惹你。尤其是低情商者，在遇到他人的故意挑衅时，要做到"入耳不入心"实在不易。因为低情商者性子直，不善于克制，心里想什么都写在脸上，你有来言，我就有去语，几句下来，就钻进了对方的圈套，最后想跳也跳不出来。应对最佳策略：再忍三分钟。这是有科学依据的，人在冲动的时候，做出的决定往往是不理智的。你无视他，看轻他，不陪他玩，他自然就玩得无趣，只能且战且退。在别人的语言攻势面前或布的局中，装傻充愣这个看似简单的策略，却可以不战而屈人之兵、化干戈为玉帛。除了应对挑事者，掌握装聋作哑的实战技能还有如下益处：

首先，避免失言的尴尬。人话一多，就免不了口误，有时口误不要紧，要是不合时宜地表露出自己的真性情，那会让人很不爽。

　　有次，公司请来一位退休大学教授指导工作。老板在介绍时，也是把牛吹得满满的：某书法协会会员，在书画方面有很深的造诣……教授只是说"过奖过奖"。之后，老板让教授当面题一幅字，教授爽快答应，潇洒地挥起笔来。众人也都啧啧赞叹"好字好字"。这时，进来一个小伙子凑上前去，嘴一撇，眉头一紧："这是什么体啊，有点看不懂。"一句话让场面变得十分尴尬。其实，大家都觉得教授写的字很一般，但还是要称赞，这个愣头青不知深浅，事后没少被老板数落。

　　其次，制止别人的挖苦。有些人说话尖酸刻薄、含沙射影，让人听着超级不爽。你若能听出弦外之音，却不言不语，也不妥，但又不便挑明了回击。最有效的应对方法，就是装傻充愣，故意曲解他的本意。他说他的阳关道，你说你的独木桥，几个回合下来，就会让他有种挫败感。

　　最后，补救自己的错误。老实人在与人交流前喜欢打腹稿，如对方怎么问该怎么答、什么事情该怎么说。但事情经常出现变数，不按你的套路来，这就容易出现意想不到的情况。如果因此说话出现漏洞，且对方抓住不放，那你就将计就计，犯傻给他看，让他觉得你刚才不是认真的。

在人际交往中，装作听不清或不知道、不理解，可以帮助你避实就虚，或委婉地回击对方的无理与蛮横，从而实现一种不向对方传递任何信息，而是通过打消、转移对方的说话兴致使其无法继续为你设置窘迫局面的效果。

做事要变通，别太一根筋

俗话说：变则通，通则活。高情商的人都懂得变通，极少会钻牛角尖，或是走上一条绝路。大家都知道，种子落在土里，长成树苗后，便不能随意地移植，否则，很容易就会死掉。而人和植物不同，人是有脑子的，遇到事情是可以灵活处理的，一种方法不行就换另一种，总会有一种适合解决某个问题的具体方法的。

因此，做人做事不能太"死板"，在遇到阻力而停滞不前时，不妨转换一下思路，思路开阔了，说不定阻力还会变为前进的动力。

在这个世界上，没有什么是百分百绝对的，学会随机应变，并不是说做事没有原则，而是要学会因事、因情、因人改变自己说话办事的方法，不要一味地死守某个规矩，或是套用既定的程式。只有懂得变通，人生之路才能走得更顺当。

从前，有一个读书人，住在村子西边。他一直觉得自己很有学问，不管做什么事，都喜欢引经据典、咬文嚼字一番。之所以这么做，是为了"不违古训"，展现读书人的"满腹经纶"。

有一天，他的家中突然发生了火灾，他的嫂子气喘吁吁地对他说："你赶快到村东老王家把你哥哥叫回来。"读书人出门之后，心想："嫂子让我赶快去，这有违古训，圣贤书上不是都说'欲速则不达'吗？我怎么能慌忙呢？"

所以，他慢慢悠悠地来到老王家，看见哥哥和老王正在下棋，便走上前去，站在一边默默地观棋。终于，一场精彩的棋局结束了，读书人才开口说："哥哥，家里着了火，嫂子叫你现在回去救火！"

哥哥一听，赶忙往家里跑去，边跑边骂弟弟说："这么大的事，你为什么不早点说？"

读书人一脸不解，并朝着哥哥的背影喊道："难道你没看见这棋盘上清清楚楚地写着'观棋不语真君子'吗？"

孔子说："深则厉，浅则揭。"大意是，当一个穿着衣服过河时，如果河水比较浅，可以将衣服拉高了涉水过去，如果河水比较深，无论如何都会弄湿衣服，那你又何必多此一举地将衣服拉高呢？做任何事都是这样，一定要学会变通，根据实际情况去调整做事的方法。

学会变通，重要的是转换思路。做事一根筋，小问题也会变成大问题，只有转变思路，才能赢得更宽广的天地。

曾经，有一对兄弟去一座大城市的高档市场卖陶瓷罐，然而不幸的是，就在船即将靠岸的时候，突然刮起了大风，他们的几百个陶瓷罐几乎都被颠簸碎了，没碎的也已经有了裂缝。

风停后，哥哥非常伤心，一边哭一边说自己的心血全白费了，罐子没法卖出去了。

弟弟却说，他刚才到集市上转了转，发现这里的人审美品位都很独特，时常将一些意想不到的东西用于装修中。因此，弟弟专门买了把斧子回来，并且还用斧子把有裂缝的罐子也砸得粉碎。

最后，兄弟俩将这些形状各不相同、又透着艺术气息的碎片卖给了附近的一家装修公司，赚了一大笔钱。

在现实生活中，类似的例子有很多。当我们认为的理想的"陶瓷罐"不复存在时，那就换一个思路，说不定会有令人意想不到的发现。高情商者在遇到棘手的问题时，善于转换思路，在他们的眼中，事情没有绝对的好与坏——只要情况改变了，思路就跟着改变，往往会让事情取得一个圆满的结果。

固守原则，未必是件坏事，但是不知变通，路只会越走越窄，只有纵观全局的人，才能进退得宜，海阔天空。所以说，高情商者做事的一个重要原则，就是"可以随时改变你的原则"。相对而言，低情商者爱墨守原则，做事喜欢一根筋，这不但束缚了他们的手脚，也遮蔽了他们的视野。

在小事情上要糊涂一点

两千多年前，雅典政治家伯利克里对人类说过一句忠言："请注意啊！先生们，我们太多地纠缠于一些小事了！"这句话，对今天的人们来说仍然值得品味和借鉴。能够获得成功的人，无不是"小事糊涂，大事计较"的人。

可是，只要我们认真观察那些计较小事的人，就会发现他们往往是"大事糊涂"的。小事糊涂，大事清楚，才是做人的至高境界。

我国宋朝有个吕端，宋太宗要提拔他当丞相，不少人反对，说吕端这个人糊里糊涂（外号"端糊涂"），恐怕难担大任。宋太宗说："吕端小事糊涂，大事不糊涂。"

还是让他当了丞相。吕端拜相之后，"为相持重，识大体，以清简为务"。公元998年，宋太宗亡故，李皇后与内侍王继恩等密谋废太子，"端知有变"，即将王继恩拘锁起来，辅佐宋真宗即位，挫败李皇后等人异谋，可见吕端"大事不糊涂"。

对于一般人来说，生活就是由无数的小事组合而成的，甚至对那些大人物来说也是如此。每个人的生活中，小事都是无处不在、无时不有的，如果你过多地拘泥、计较小事，那么人生就根本没有什么乐趣可言了，触目所及的必然都是矛盾和冲突。

想一想，你挤公共汽车时，有人不小心踩了你的脚；或者你去买菜时，有人无意间弄脏了你的鞋；有时走在路上，说不定从路旁楼上落下一个纸团，打在你头上……此时此刻，如果你不是大事化小，小事化了，而是口出污言秽语，大发雷霆，说不定会闹出什么祸事来。

某地曾经发生过这样一件事：有一个年轻女子在看电影时，被后面的男观众无意间碰了一下脚，尽管男观众当面道歉，但那名女子仍然不依不饶。她硬说对方是要耍流氓，竟然回家叫来丈夫将那名男观众用刀砍伤解气。结果，夫妻俩双双锒铛入狱。

一些"不疼不痒"的小事，就应该糊涂一些，睁一只眼，闭一只眼。大家一定不会忘记《红楼梦》里那个模样标致、语言爽利、心机极深细，但"机关算尽太聪明，反误了卿卿性命"的王熙凤。所以说，糊涂也是心理上的一种自我修养，也是一种情商。

据说，有一年郑板桥特意到山东莱州云峰山观摩郑文公碑。看后久久不愿离去，天色渐暗，于是只好借宿于山上的一间茅草屋。屋主是一位老者，自称"糊涂老人"。在他的屋子中，放着一块方桌大小的砚台，镂刻精美，郑板桥很是喜爱。老人请他在砚台背面题字。于是他写了四个字"难得糊涂"。随后他又在"难得糊涂"下加注：聪明难，糊涂尤难，由聪明而转入糊涂更难。放一招，退一步，当下心安。

有时，我们确实要"难得糊涂"，"水至清则无鱼，人至察则无徒"，就为人处世而言，凡事不要太认真了。

古语云："让一让，三尺巷。"人生之事，只要不是原则性的大事，得过且过又何妨？人活在世上，理应开朗、豁达，活得超脱一些；凡事斤斤计较，只是徒增烦恼罢了。

很明显，人的精力和时间都是有限的，如果对小事计较得过多，那么对大事的注意力和处理能力必然被淡化，甚至根本无暇顾及了。

通常，喜欢计较小事的人往往私心比较重，情商比较低，他们过多地考虑个人得失，如面子、利益、地位等，而这些东西又最容易使人动情绪。

因此，对小事过于认真的人往往容易冲动，一旦感情代替理智，就会不顾后果和影响，不考虑别人的接受程度。如此一来，就会影响正常的人际关系，在社会上失去他人的理解和同情。

第七章
做事留有余地，记得给人面子

　　许多时候，纠结对和错是没有多少意义的，相比之下，保住别人的面子更重要。所以，"不能不给他人面子"成为一种"江湖规矩"。高情商的人常因能保住别人的面子给自己加分，他们不会伤害别人的面子，牺牲自己的人缘，去换一个小小的胜利。

不正面纠正别人的错误

性格耿直的人，经常会管不住自己的嘴，有啥往外倒啥，许多时候，自己说得是痛快，痛快过后，就是郁闷，因为这种人有一个特点，习惯当面指正或责怪别人。这是一个非常不好的习惯。

记住，永远不要责怪别人，就算你是对的。当面指出别人的错误，即使证明你是对的，那又怎么样？你怎么知道对方不是故意露破绽？在说别人"错了，错了，应该是……"的同时，强调自己多么的正确，你知道自己有多么令人讨厌吗？

在面对别人的错误时，要尽可能表现出你的高情商和友善、温和、宽容，而不要过于坦诚与直白。有一句古老的格言说："一滴蜜比一加仑胆汁能捕到更多的苍蝇。"的确，如果你要别人同意你的原则，一定要让他先接受你这个人，进而接受你说话的方式。

在你的意见与他人的意见相左时，不要企图从正面突破，以强调自己的正确。这样做的后果有两种：一是对方死不承认自己的错误，只会让双方关系僵化；二是即使对方表面上做出让步，在心里也不会服你。所以，这样做不只是面子上不好看，而且彼此关系也会走向对立。

不正面反对别人的意见，并不是说默认对方的观点，如果一定要表示你的观点正确，也不要当面指正，而要注意方式方法。

一、先赞同，再提醒

一次，一位从不看足球的朋友，也凑热闹看了一回世界杯。当电视画面上出现某个球星时，他为了表示自己是其球迷，便叫嚷着说："瞧，齐达内进了一个！"在场的人都知道他不喜欢足球，以为他是在捣乱，所以没有人搭理他。没想到他又憋不住了，一本正经地说："这么多年了，齐达内在球场上还是那么帅。"

突然，有人不耐烦了，便大声对他说："错啦，错啦，根本没有齐达内，你就不要在这儿胡扯了。"这让对方很尴尬。

原来，此人有个习惯，就是说话心直口快，习惯当面指正别人，但总是改不过来，因此经常得罪人。可见其情商并不高。

发现别人的错误后，不要急着反对，可以针对其对的部分给予肯定，再做适当的提醒，注意不要捅破，让对方自己去悟。

二、略微补充，稍加提问

任经理在一次年度总结会议上说："今年大家都表现得不错，我们部门超额完成 19 项任务……"旁边的一位秘书很快发现任经理出了错，不应该是 19，而是 29。但他并没有当面提出，而是在经理讲完话之后，补充说："我们明年争取……我就补充这么多。"接着他又问任经理，"我记得超额完成 19 项任务时好像是 9 月，您看是不是需要我再重新核对一下？"过了一段时间，这位秘书告诉经理说："今年超额完成的所有任务有 29 项。"这时，任经理又当着众人的面简单地认了个错。事后，他对这位秘书委婉地指出自己的错误，让自己在众人面前挽回面子表示了感激之情。

像这种处理别人口误的方式，既控制了场面，又显得很圆融，还比较容易让人接受。

三、避重就轻，正确引导

当对方在一个很重要的问题上出了错，并且接下来，他将围绕这个问题展开论述，那么，这个错误就有必要指出来。但一定要避重就轻，正确引导。

有好几位远方的亲戚来探望王小姐，这让她非常高兴。见面后，王小姐非常热情，她拉住一位中年妇女的手，一口一个"二舅妈"。她的丈夫从"二舅妈"有些茫然的表情可以看出，妻子一定认错了人，但又不能确定该叫什么好，于是催促着王小姐："赶快去端茶倒水，别让大家只顾着说话。"在这个空隙时间，有人开始逐一介绍一同过来的亲戚。等王小姐回来时，丈夫特意当着她的面叫"二舅妈"为"三嫂"。

王小姐这才发现自己认错人了，好在丈夫为自己救了场，要不可要闹出大笑话了。

可见，发现别人的错误后，一定要表现出你的克制、宽容、理解，如果要纠正，也要注意方式方法。任何时候，正面纠正别人的错误都是不受欢迎的，即使你的初衷是好的，也会大煞风景。

不逞匹夫之勇，承诺要留余地

好面子、虚荣心强的人最喜欢逞匹夫之勇，他们在做事情之前，首先考虑的并不是自己是否有能力兑现诺言，而是自己的面子。结果，他们在很多时候都无法兑现承诺，不但会给人留下笑柄，还把自己摔得遍体鳞伤。

真正的高情商，不会在酒意正浓、兴头正盛之际许诺别人，而会倾听对方的心声，根据对方的需求，恰到好处地给出力所能及的帮助。

这种恰到好处，有两个可圈可点的地方。一是尽可能地树立个人自信，二是有了区间的保障，即使达不到高标准，也不至于让自己满盘皆输。

个人的能力是有限的，即使再强的人也有做不到的事情。所以对于自己能力范围之外的事情，一定要量力而行，妄下断言、乱逞英雄，必然会沦为别人眼中的莽夫。

王承刚到一所中学任教，正碰上市教委到该校抽人，拟对全市中学进行实地考察。因王承还没有被安排授课，校长便推荐他去担任此职。他对本市中学教育情况不熟悉，对教育工作本身也知之甚少，本来想拒绝，但校长说："小王啊，我相信你一定能做好这份工作，我是不会看走眼的。"听校长这么一说，王承只好答应了。

一个半月后，别人都按要求把调查报告交了上去，他的报告却还在脑子里。市教委主任很恼火，责备该校校长，怎么推荐这么一个人。王承觉得失了面子，又气又羞愧，一下子病倒了，还没开始授课，就在床上躺了两个星期。

王承由于当初不好意思拒绝，最终面子难保，身心都受到了伤害。在工作的过程中，我们常常遇到这样的情况：领导交给我们一项任务，可是它远远超出了我们的能力范畴，该怎么办？拒绝了，怕就此失去领导的信任，于是为了面子，我们只好应承下来。

如果你没有能力完成领导指派的工作，却贸然答应，最后达不到预期的结果，岂不是更让自己处于两难的境地？不随便做出承诺，是一种高情商的表现。不管面对的是谁，在许诺之前，一定要三思，量力而为，否则，为了面子逞能只会让自己更没面子。

有一位大师隐居在山林中，平时除了参禅悟道之外，还对武术颇有研究。听闻大师的名声，人们都千里迢迢来拜访他，想向他请教技艺。他们到达深山的时候，发现大师正在山谷里挑水。他挑得不多，两只木桶里的水都没有装满。按他们的想象，大师应该能够挑很大的桶，而且挑得满满的。他们不解地问："大师，这是什么道理？"

大师说："挑水之道并不在于挑多，而在于挑得够用。一味贪多，适得其反。"众人越发不解。大师从他们中拉了一个人，让他重新从山谷里打了两桶水。那人挑得非常吃力，摇摇晃晃，没走几步，就跌倒在地，水全都洒了，那人的膝盖也摔破了。

"水洒了,岂不是还得回头重新打一桶吗? 膝盖破了,走路艰难,岂不是比刚才挑得还少吗? "大师说。

"那么大师,请问具体挑多少,怎么估计呢? "

大师笑道:"你们看这个桶。"众人看去,桶里画了一条线。

大师说:"这条线是底线,水绝对不能高于这条线,高于这条线就超过了自己的能力和需要。起初还需要画一条线,挑的次数多了,就不用看那条线了,凭感觉就知道是多是少。有了这条线,就可以提醒我们,凡事要量力而为,切不可逞匹夫之勇。"

很多人在虚荣心的驱使下,为了表现自己有多么能干、多么智慧、多么英勇,常常会自不量力,没有金刚钻也敢揽瓷器活。这就像一个人本来只能扛 80 斤的口袋,可一看别人都能扛 100 多斤,为了不丢面子,就硬说自己能扛 150 斤,然后生生地把 150 斤的口袋放在了肩膀上。在别人的叫好声中,他要承受多大的痛苦,恐怕只有他自己知道,真是打碎了牙往肚里咽,何必呢?

每个人都有自己的能力极限,话一说出口就没有挽回的余地,覆水难收,后果就需要自己去承担。一旦失利,失去的不仅是做成这件事的机会,还有他人的信任。试想一下,一个只会说不会做的人,谁会喜欢呢? 因此,当遇到他人的请求时,不要把话说得太满,要给自己回旋的余地。

表现你的得意时，要注意别人的痛点

人一辈子难免会有失败的时候，天生的缺陷更是不可弥补的遗憾。面对别人的不足和失意，不要落井下石，也不要讥笑嘲讽。适当的安慰、安静的倾听，不仅可以改善交谈的气氛，而且会为你赢得他人的好感。所以，在失意人的面前，我们说话做事一定要注意他们的痛点。

然而，有些人却认为自己比别人技高一筹，总喜欢把得意挂在嘴上，逢人便炫耀自己如何运气好、如何有才气，而完全不顾及别人的感受。诚然，在得意之时，谁都难免有张扬的欲望。但是要张扬你的得意时，一定要看场合和对象：你可以在公开场合对你的员工谈，享受他们投给你的钦羡目光；也可以对你的家人谈，让他们以你为荣；但是不要对失意的人谈，因为失意的人最脆弱，也最敏感，你的谈论在他听来都充满了讥笑与嘲讽，这样，便会在无形中影响你的人际关系。

当然有些人不在乎，你说你的，他听他的，但这么豪放的人不太多。因此你所谈论的得意之时，尤其是正中对方痛点的得意，是对他一种无形的伤害。有时候，失意者对你的怀恨不会立即显现出来，大多是因为他此时无力显现，但他过后会通过各种方式来泄恨。比如，说你坏话、扯你后腿、故意与你为敌。

自己处于顺境，这本是好事，但是得意忘形，会在无形中给自己的生活埋下障碍。别人事业失败，跟你诉苦，你与其以成功者的姿态来指导他，倒不如告诉他，你当年跌得比他更惨，现在的辉煌是一点一点做起来的。这样，他也会想，他也许能东山再起，和你一样成功。更重要的是，他会对你心存感激，佩服你的为人，这样在日后的交往中，你无异于多了一个朋友。

一般来说，失意的人希望有一个倾听者听他诉苦，因此，这个时候我们就应该多倾听，少诉说，再选择恰当的时机真心地附和，表示你与他感同身受，能理解他，可以与他一起分担失意的痛苦。

有一次，王明约了几个朋友来家里吃饭，这些朋友彼此都很熟悉。王明把大家聚到一起，主要是想借此安慰一下创业失败的李军，并让大家给他提些建议，或指条出路。

李军不久前因经营管理不善，经营多年的一家公司破产了，妻子也因为不堪生活的压力正在和他闹离婚。内外交迫，让他痛苦万分，整个人瘦得几乎成了皮包骨。前来吃饭的人都知道李军当前的境况，所以，都避免谈与事业相关的话题。其中，有一个叫陈锋的人，因为前不久做生意赚了一大笔，两杯酒下肚，就开始大谈特谈自己的生财之道，而且满脸的得意。李军低头不语，脸色非常难看，一会儿去上厕所，一会儿洗脸，最后还是找了一个理由离开了。

王明送他出去，走在巷口时，李军愤愤地说："陈锋真行啊，他即使有本事，也不必这个时间在我面前吹嘘嘛！"王明边走边安慰他，说陈锋也只是酒后失言并非有意，叫他不要放在心上。然而话虽这么说，但李军还是耿耿于怀。

在这个故事中，陈锋的情商就比较低，自己稍有得意之事，便逢人就说，结果不是遭来他人妒忌，就是无意中戳到别人的痛点。

"人生得意须尽欢"，这是人之常情，所以春风得意者没有什么好责怪的。但是在谈论你的得意事情的时候一定要看准场合和对象，如果你在失意者面前大谈你的得意之事，那就是自找尴尬了。

巧扮"和事佬"，打好圆场不尴尬

所谓"打圆场"，是指交际双方争吵或处于尴尬境地时，由情商较高的第三者出面调解。打圆场近似于捧场，同是圆滑乖巧之为，但它没有捧场那般肉麻，而且在了结现实矛盾、平息事端的功效上，都要比捧场高上一筹。"打圆场"运用得好，可以融洽气氛，联络感情，消除误会，缓和矛盾，平息事端，还有利于应付尴尬，打破僵局，解决问题。

"打圆场"与"和稀泥"不同，它是从善意的角度出发，以特定的话语去缓和紧张气氛、调节人际关系的一种语言行为，在人们的日常工作与生活中有着积极的意义。

清朝末年的陈树屏口才极好，善于调解纷争。他在江夏任知县时，张之洞在湖北任督抚，谭继询任抚军，张、谭两人素来不和。一天，陈树屏宴请张之洞、谭继询等人。当席间谈到长江江面宽窄时，谭继询说江面宽是五里三分，张之洞却说江面宽是七里三分。双方争得面红耳赤，本来轻松的宴会一下子变得异常尴尬。陈树屏知道两位长官是借题发挥，故意争闹。为了缓和宴会气氛，又不得罪两位长官，他说："江面水涨就宽到七里三分，而落潮时便是五里三分。张督抚是指涨潮而言，而谭抚军是指落潮而言，两位大人说得都对。"

陈树屏巧妙地将江宽分解为两种情况，一宽一窄，让张、谭两人的观点在各自情况下都显得正确。他们两人听了下属这么高明的圆场话，也不好意思再争下去了。

凡事都有诀窍，打圆场也有打圆场的学问。归纳起来，高情商地打圆场，要特别注意以下五点：

一、保持善意和求同存异的心态

心理学中有一个咨询技巧叫作"无条件积极关注"，意思是说，全身心地投入来访者的关注上，让来访者感觉到安全和被接纳。打圆场中保持善意也是这个道理。让双方感觉你的善意是首要条件。如果想要用讽刺的言语让双方结束争执，结果只会是让双方一起围攻你。只保持一个善意的心还是不够的，需要有求同存异的心态，才能让善意发挥作用。

二、转移事件焦点，给个台阶

有时双方为了一个问题争执不下，可能并不是因为事情本身，而是出于争胜情绪和较劲心理。说到底是面子问题。事实上一个问题的答案往往不是唯一的，甚至针锋相对的两个观点可能都讲得通，双方很可能是为了说服对方而产生争执的。这时候只要把话题和注意力转移到另一个大家感兴趣的事情上，就能停止这场无休止的争论了。

三、转移话题，制造轻松气氛

在交际场合中，当某个较为严肃、敏感的问题使得交谈双方走向对立，甚至阻碍交谈正常、顺利进行时，可以暂时让它回避一下，及时转移话题，用一些轻松、愉快的话题来活跃气氛，转移双方的注意力，或者通过幽默的话语将严肃的话题淡化，使原来僵持的场面重新活跃起来，从而缓和尴尬的局面。

如朋友之间为了某个问题争得面红耳赤，僵持不下时，可以适时说一句"要把这个问题争得明白，真的比登天还难"，或者说一个笑话，让双方的情绪平缓下来，在轻松的气氛中让尴尬消失，使交际活动得以顺利进行。

四、审时度势，让双方都满意

有时在某种场合中，当交际双方因彼此不同意对方的看法而争执不休时，很难说谁对谁错，这个时间打圆场，一定要把握争执双方的心理和情绪，不要厚此薄彼，以免加深双方的误解。并对双方的优势和价值都予以肯定，在一定程度上来满足他们的自我实现心理。在这个基础上，再提出双方都能接受的建设性意见，这样就容易被双方所接受。

一次，学校举行文娱活动，教师和员工分成两个组，自行编排和表演节目，然后进行评分。表演刚结束，坐在下面的人就分成两派，吵得不可开交。眼看活动就要陷入僵局，主持人灵机一动，对大家说："到底哪个组能得第一，我看应该具体情况具体分析。教师组富有创意，激情四溢，应该获得创作奖；员工组富有朝气，精神饱满，应该获得表演奖。"随后宣布两个组都获得了第一名。

这位主持人清楚文娱活动本身的目的并不在于真正分出高下，重要的是激发教职员工参与文娱活动的激情。基于这一点考虑，当评比出现矛盾时，他并没有和人们一起争论孰优孰劣，而是强调了两个小组的不同特点和优势，对两个组的努力都给予肯定。结果就很容易地被大家接受了。

五、善意的误会，幽默地化解

幽默是人际交往的润滑剂，一句幽默的话可以让大部分人对争执一笑了之。如果你足够幽默，相信你一定能够在社交中如鱼得水。如果你不够幽默也不用怕，我们可以掌握一个技巧，来达到幽默化解尴尬的场面，那就是善意的误会。假装没听懂对方尴尬的话，通过一个善意的误会，避免矛盾的激化和达到活跃氛围的效果。

在人际交往中遇到尴尬的场面时，高情商的人总是能审时度势，准确把握双方的心理，然后运用说话技巧，及时出面打圆场，化解尴尬。

主动道个歉，不输面子

道歉，即向对方致以歉意的一种礼仪。在日常生活、工作和学习中，因自己的言行失误而打扰、影响了别人，或者给别人造成了精神上的伤害或物质上的损失时，都应主动向对方道歉，消除影响，以便继续维持相互间的来往和友好关系。

高情商的道歉是一剂弥补双方关系裂痕的良药。

1754年，弗吉尼亚殖民地举行议会选举，乔治·华盛顿上校作为驻军长官推举了一名候选人。这名候选人得到了大多数人的支持，但是却有一个叫威廉·宾的人坚决反对。

有一次，华盛顿与威廉·宾发生了激烈的争吵。两人言语越来越激烈，最后甚至大打出手。第二天，威廉·宾收到华盛顿派人送来的便条，要他到当地的一家小酒店去。

威廉·宾认为华盛顿要约他到小黑屋单挑。他拿了一把手枪，一路都在思考打倒华盛顿的方法。到了小酒店之后，他却看到了微笑的华盛顿和一桌丰盛的酒菜。

"威廉·宾先生，"华盛顿热诚地说，"犯错误乃是人在所难免的事，纠正错误则是件光荣的事。我昨天是不对的，你在某种程度上也得到了满足。如果你认为到此可以和解的话，那么请握住我的手，让我们交个朋友吧！"

威廉·宾紧张的心放松下来，他也不失绅士风度地说："华盛顿先生，也请你原谅我昨天的鲁莽和无礼。"

威廉·宾因为华盛顿的道歉而抛开了对他的不满，成了华盛顿忠实的朋友和坚定的拥护者。

即使对方是个较真的人，如果你在自己做错时能主动道个歉，并愿意承担责任，对方也会因此感受到你的歉意。

当然，说话的方式能体现处理问题的能力，而靠听一个人说话，几乎就能判断他的情商高低，那么高情商的人会怎么道歉呢？

一、不要害怕"碰钉子"

当你发现自己做错了一件事，虽然有些后悔，但为了面子不肯道歉，或因为对方正在气头上，怕自己道歉时"碰了钉子"，便想着让对方再"冷静冷静"。其实，这种做法很不妥，要知道，"冷静"只会让对方更生气。

及时地道歉，既能说明一个人愿意主动地、心甘情愿地承担责任，也体现了他的正直和勇气。既然心里想向人家道歉，就说明已经意识到自己做了错事。如果一直拖延下去，你可能会暗示自己："既然事情已经过去了，再说什么也没有意义了，还不如尽早忘掉的好。"如此，只会加深双方的隔阂。

高情商的人做错事，会及时道歉，他们并不怕碰钉子，因为事情拖得越久，就越难以启齿，有时甚至追悔莫及。

二、送个小礼物，或写封道歉信

如果实在不愿意当面道歉，也可以通过送礼物等方式来表达自己的歉意。尤其对于一些含蓄内敛的人来说，这招很实用。比如，有的情侣因为一点小事发生争吵，就会立马进入冷战状态，男士只说句"对不起"，往往得不到女士的原谅，这时候，他可以通过送礼物来表达歉意。

如果自己的口头表达能力不行，但是文笔不错，就可以通过写道歉信的方式向他人表达歉意。因为它能更清晰、准确、有逻辑地表达你的意思，能让对方有较长时间去品味和加深理解，对你的歉意产生一种可靠感和信任感。

三、方式要显示出诚意

"负荆请罪"相信大家都知道，它记叙的是战国时期赵国武将廉颇向文臣蔺相如认错的史实。

人们在佩服蔺相如以国家为重的大度胸怀的同时，也往往被廉颇的敢于直面自己的错误，勇于"负荆请罪"的气魄所折服。

可见，道歉绝不只是一句敷衍式的"对不起"，需要有足够的诚意言行。所以，在认识到自己的错误后，不但要坦诚承认，主动去弥补，也要尽量表现出你的诚意来。

四、注意所使用的措辞

道歉应该痛痛快快、直截了当；用词要清晰明了、准确无误，不可带有挑衅成分；说话的时候，声音要清清楚楚，不要吞吞吐吐、含含糊糊，更不要拐弯抹角找借口为自己辩护。对方看到你勇于承担责任的态度和对错误的反省，会认为类似的事情不会再发生，就愿意原谅你；如果你在道歉的时候说不到点子上，道歉的话也流于表面，对方可能不会从心里原谅你；如果你的话语中带有争辩和挑衅的成分，那么对方只会更加气愤。

人们在犯错时，如果不及时进行弥补，与他人之间的信任关系会被轻易瓦解。所以，认识到自己的错误后，一定要迅速、坦诚、有力地致歉。这样，才能弥合双方关系的裂痕，消除隔阂。

能刷卡就尽量不要刷"脸"

虽然现在刷脸也能消费了，而且还是一种时尚，但是在人际交往中，能刷卡的情况下，就尽量不要刷"脸"。"脸"是一个人在一个群体中的受尊重程度，当他失去了别人的尊重，他也会失去在这个群体中的角色。

高情商的人会谨慎刷脸，也能顾及自己和他人的脸面，有时候，他们宁可花钱买面子，也不轻易消费自己的面子。因为，面子就是他们的标签，他们这样做一点也不亏。你行走社会，别人靠什么来论断你，来衡量你？就是看你这个人有没有面子，别人是不是瞧得起你！

如果别人给你面子，你却把自己太当回事，过分刷"脸"，就容易失去别人对你的信任。

有一次，一个出国读研的朋友讲起一段"被代购"的经历。每年假期回国探亲前，他都在朋友圈透露自己回国的日期。本以为会有朋友发来声声问候，那个感觉当然很棒。但没想到的是，个别朋友发来的却是代购清单。朋友表示为难："自己大包小包提了不少，还要过海关，这真是还让不让人活了。"人家立马就来了句："你就顺手带点，兜里也能揣下。"不答应显得太小气，于是抽时间帮人跑市场。

代购回来了，本以为人家会很高兴，没想到一打开包装，脸就耷拉下来了："哎呀，人家要的是第三代，你买的是第二代，不便宜还不好用，这可咋办呀？"

还能咋办？朋友只好翻出聊天记录"对质"，发现对方根本就没有说过型号、规格。看人家不高兴，只好少收一点钱，再请人家吃个饭，以表示歉意。

生活中，像这种吃力不讨好的事并不少见。用人的时候就是"哥儿俩好""举手之劳"，从没想过会给别人添多少麻烦，用过之后，还挑三拣四，你以为人家想为你刷卡吗？还不是为了照顾你的脸面。说到底，还是你的情商有问题。

你是省心省力了，还省了几百块钱，却消耗了多少钱也买不来的人情。做朋友也要讲一个规矩：不要随便给人添麻烦。如果说好朋友谈钱伤感情，那你还不是打着感情的幌子贪图一时便宜。有的人很重视感情，看在大家朋友一场的分上，往往是能帮一点是一点。即便如此，也刷不出对方的好脸面，心里能不委屈吗？

有些人平时总爱让人帮一些忙。今天这个让关注一下微信公众号，帮忙投个票，明天那个让给买个火车票，还有的人开网店，也让朋友帮他在朋友圈转发。他们觉得这都是举手之劳，也不算什么事，既不会请帮忙的朋友吃饭，也不会发红包。当下社会是一个人情社会，只要不是伤面子的事，一般人们不会撕破脸皮。但是，人情也有耗尽的时候，一味地消费人情，那别人就要衡量，这个朋友值不值得结交。钱大把地花出去，还有机会赚回来，人情透支了，那你这个人的信用就没有了。因为谁也没有义务帮你用人情去埋单，你缺钱，别人可以借给你，但是你到处欠人情，帮你的人就会越来越少。

有个年轻人想辞职创业，家人不同意，他就一个人在外头闯。手头紧时，就向亲朋好友张口，几千几百的总还是能借来。有次，他需要几万元钱，没有向朋友借，而是直接回家给父母磕了三个响头。几年后，他事业有成，就是向别人借十万、十几万，也毫不嘴软。

朋友问他："现在借十几万都不见你脸红，当初为什么借几万元也不肯向朋友张口？"他笑了笑说："那会儿借几万元，要是还不上，不连累你们吗？借点小钱是情分，不能打着感情牌，让朋友吃亏，如果需要的数额大，那就要掂量清楚自己值不值那数，那时不值，现在觉得值了。"

什么叫分寸？这就叫分寸。有句话叫：维持友情的秘诀在于分寸感。就是这个道理。高情商的人会尽量把人情用在刀刃上，不会将彼此的情分消费在一些无关紧要的事情上，能刷卡的情况下，会避免刷脸。

适当"索取"也是一种尊重

热心帮助别人，是一种美德，但只求付出，不求回报，也会成为别人的一种负担。即使自己的动机再高尚，过度一厢情愿地"恩赐"，或没有底线、不计代价地付出，也会让别人受不起，使其产生亏欠感。

小欣家楼下不远处，有一个狭窄逼仄的车库。来自外地的一个三口之家租住在这里，并开了一家废品收购站。这里，既是他们生活起居的地方，也是堆积废品的仓库。每天经过此处，小欣都会看到他们俯下身子忙着整理收来的废品。偶尔，他们会抬起头来，向她友善地微笑。但看得出来，他们的生活过得并不宽裕。

每当家里有空饮料瓶或废报纸，小欣总是用一个袋子装好，趁早晨上班的时候，顺手放到收购站的门口，然后悄悄离开。

一天早晨，她像往常一样，把一袋旧报纸放到收购站门口，准备离开。没想到，那女人竟然出来了。她冲小欣笑了笑，然后指了指放在门口的旧报纸。小欣急忙摆手说："不要的，送给你们了。"没想到，女人竟跑过来拦住小欣，硬塞给她两枚一元的硬币，并且说："姑娘，我们是收废品的，虽然挣钱不多，但也算是做生意的，没道理不给你钱的，快拿着吧。"听了女人的话，她隐隐感觉脸在发烫，于是小欣郑重地收下那两元钱。这一刻，她似乎也收到了一份尊重。

一位智者慈善家说：施予人，但不要使对方有受施的感觉。

"施于人，帮助人但给予对方最高的尊重。这是助人的艺术，也是仁爱的情操。"在一些事情上，我们看似在"帮忙"，却在不知不觉中伤害了别人的自尊心。真正的帮助，不是施舍，让对方感到受之有愧，而是让对方感到平等，感到有尊严。

有些人很重视友情，很在乎别人的感受，所以，在对待朋友时，宁肯自己多吃些亏，多付出，认为这样可以换取朋友的认可。其实不然。做任何事都要讲究"度"，不讲原则，毫无底线地帮助别人，也会让人产生过重的心理负担。因为，当你为别人付出太多时，他会因无力回报你，而感到不自在，或有失自尊。

过度的给予，即使以帮助的名义出现，也会成为别人的负担，甚至会给别人带来伤害。所以，高情商的人在帮助别人的时候，也会适当地"索取"，让对方有所回报，这样，对方的心理才不会失衡。尤其当自己的恩情过重时，对方会因无力偿还，而背上沉重的人情债。这时，适当地向他索取一些回报，可以减轻其心理负担，维护其自尊心。

同样的道理，与有名声、有本事的人物交往时，不要只想着忙前跑后，赚人品，适当的时候，要学会低姿态"求教"。因为对方有资源、有能力，你求助于他，方能显出他们的价值，你若抱着"万事不求人"的态度，该欠的人情不欠，也是对高手的一种"不尊重"。你没本事，求人，不丢人；你有本事，求人，也不丢人，反而衬托出对方的本事更大。再说了，要想铸牢彼此的关系，相互之间必须有人情往来，所以，欠别人一点人情也不是什么要紧的事，反而是对对方的一种尊重。

与他人相处，什么事都分得两清，互不相欠，会让人觉得你很难相处。不讲条件，一味地付出，对别人是一种负担，可能使其产生一种心理压力；而遇事斤斤计较，一味地索取，则会落个没人缘的境地。所以，无论与穷朋友，还是富朋友交往，该索取的时候也要索取，索取也是一种尊重。人与人的和谐共处之道，不是一味地去施舍和怜悯，而是在给予和索取之间追求平衡。只有达到这种平衡，我们才会有感情上的尊重、人格上的平等、心灵上的相濡以沫。

面子不值钱，做事要有底线思维

有些人这也不好意思，那也不好意思，在处理一些棘手的问题时，生怕驳人面子，所以经常让自己陷入两难的境地。其实，放下面子做人，或把面子拿下来揣在衣兜里，素面朝天，或许就会发现事情原本并没有你想象的那么复杂。

高情商做事，不一定要处处依着人，甚至死要面子活受罪，而是在处理两难问题时，不但会让别人舒服，也会让自己轻松。当然了，该"好意思"的时候，也要把脸板起来，原则不能丢，说活办事也就显得有分量了。

可以说，适当"无情"一点，也不一定是坏事，至少，它可以成为一块试金石，能验出哪些人在乎你的面子，那些人根本就是把你当"烂好人"。如果你是公正的、客观的，不伤及他人的利益，真正的朋友不会因为你偶尔的"板脸"而心怀怨言。这就像一个非常讲原则的老板，他能让公司飞黄腾达，能给员工提供更好的待遇，自然，追随他的人就会越来越多。反之，一个老板再实行人性化管理，不能为员工创造更好的工作环境，不能改善员工的薪资待遇，也鲜有人会追随他。

特别是在面对一些棘手的事，或是一些不太讲原则的人时，一味地"好说话"、爱面子，只会助长对方的依赖心理，再者，你总是为对方的面子着想，这也不好意思，那也不好意思，事情还怎么能办成呢？

高情商不是一味地"讨好"，一味地给面子，处处显示你的好人缘，殊不知，你所珍视的那些所谓的没有原则与底线的面子，其实分文不值，反倒会让你在一些问题上陷入被动。

小 C 在一家网络公司上班，负责公司微信公众号的运营，虽然每天很忙，但也过得充实。自从被晋升为运营主管后，他工作更加努力，只用三个月的时间，就使客户量翻了一倍，因此深得公司领导的信任。

虽然客户多是好事，但小 C 却经常莫名地苦恼，满脸愁容。领导有些不解："你近来状态有点差，按说你的工作强度也不算大啊。"

于是，小 C 把自己遇到的问题讲了出来了。原来，他除了每天要做好本职工作外，还要帮助客户处理一些公众平台运营的问题。例如，A 公司的王总，自己经营着一家幼儿园，她不但让小 C 帮忙申请微信公众号，还要让他帮忙做相关的运营。小 C 说："王总，我现在实在是没有时间，您看能否另找一个人帮您做运营？"王总却说："这多大点事啊，再说了你是专家，算是帮我一个忙，好吧？"

小 C 很无语，只好硬着头皮答应了。

没过两天，D 公司的刘总打来电话来，说他三叔经营了一家水果店，还有他哥儿们开了小超市，让小 C 帮忙给开通两个微信公众号。这事还没有处理完，E 公司的张经理又想和朋友做微商，要约小 D 一起吃饭，让他帮忙想想如何做营销。在吃饭的过程中，F 公司的侯总打来电话，说让他帮忙写个营销文案。小 C 说，自己是做技术的，对文案不在行，对方却说："没关系，你是行家里手，总比我写得好吧，算是帮哥个忙，好吧。"小 C 尽管心里很着急，嘴上也没说什么。

因此，小 C 每天的自由时间，总会被客户占用。最近，他睡眠也不足，精神状态就变得很差了。

听了小 C 的诉说，他的领导说："这种事情要一分为二看，首先，客用占用你的时间，而且也不在你的工作职责之内，你可以拒绝。其次，客户找你，说明他们信任你，有事情找你帮忙，但有业务也一定会给你介绍。"

小 C 说："我很感谢大家对我的信任，当然他们有业务的话也向我推荐了，但现在让我烦恼的问题就是，业务越多，这些所谓的人情的帮助也就越多。"

最终领导给他的建议是：凡事总是想着别人，谁来顾及你？所以，说话办事让客户舒服的同时，不能一再降低自己的标准和原则去迎合别人的需求。

在《蔡康永的情商课》一书中，有这样一句话："舒服地做自己，是追求高情商的最重要原因。如果讨人喜欢，却失去自己，那是情商最糟糕的状况。"也就是说，善待自我，才是对自己的保护，也是对人际关系最深层的呵护。

所以说，情商高的人心中有尺，口中有度，有清晰的边界感。在为人处世过程中，既能说软话，也能办硬事，说话做事外圆内方，方圆有度，不仅让人舒服，也让自己舒服。

第八章

麻烦别人，言行举止要透着高情商

"给别人添麻烦"有时候是一种协作。懂得适时向地别人求助，往往更容易将事情促成，达成自己的目标，实现双赢。所以，高情商地麻烦别人，不仅是一种最好的刷存在感的方式，而且往往能刷出好的人脉与事业。

真正高情商的人，都懂得"麻烦"别人

许多人都有这样的苦恼：自己对谁都十分客气，不喜欢给别人添麻烦，但是，身边的人好像都与自己保持着一定的距离，自己不知到底做错了什么。

其实，别人和你做朋友，愿意亲近你，不是因为你对他好，不给他添麻烦。也就是说，很多人都存在一个误区：认为只要自己对别人好，别人就一定会亲近自己，如果别人疏远自己，一定是自己做得还不够好。事实恰恰相反，别人对你的重视程度，并非取决于你为他付出了多少，而是取决于他愿意为你付出多少。

韩先生情商非常高，不但是社交达人，而且是情场高手，追女孩子的成功率要远超他人。读大学的时候，人们送他一个绰号："情圣"。别的男生追女孩子常用的套路，不外乎帮对方办点事、帮点小忙、献点殷勤等，他却从来不用这些招数。通常，他先观察女生的特长，然后借机向姑娘求助。比如，某位女生英语成绩好，他就去请教一些英语方面的问题；女生喜欢旅行，他就挑对方去过的地方请教旅行攻略。

让女生帮过这些忙以后，他便以"欠下人情债"为由去帮对方的忙，一来二去，两个人之间的距离也就越来越近。

其实，谈恋爱也好，交朋友也好，本质都是一样的，如果你想和一个人的关系变得亲密，关键不是向对方献殷勤，任何长久的关系都必须建立在平等的基础上，你越献殷勤反而越显得自己卑微，对建立亲密关系有害无益。

想交朋友，与其去帮别人，不如让对方来帮你，只要这个忙对别人来说是举手之劳，大多数人都不会拒绝，而别人只要帮了你一次，自然就愿意帮你第二次。而你也可以以回报别人为理由顺理成章地接近他，不会显得讨好和谄媚。

所以，高情商的人都善于"麻烦"别人，让别人帮一个对他们来说并不复杂却能让自己受益匪浅的忙，不仅不会让对方觉得麻烦，反而能让他们感到快乐，因为你的请求其实暗含如下两个前提：

首先，你之所以来找他帮忙，而不是去找别人，说明你对他的能力比较认可。

其次，你请求他帮忙，实际上等于放低了自己的姿态，承认他在某些事情上比自己优秀，你放下了姿态，他自然就容易放下对你的戒备。

所以，如果你想通过麻烦别人，来拉近和对方的关系，可以参考如下几点建议：

一、在对方最擅长的领域求助

每个人都有自己的优势，并且希望这个闪光点被人发现。当你在对方擅长的领域请教时，其实也是给他一个展示自我的机会，如果能够顺水推舟表达一下对他的崇拜和赞誉，一定会让他感到莫大的满足。

二、要让对方感到确实对你有所帮助

向对方求助的事，对你来说要有一定的难度，否则，自己轻易就可以完成，那就显不出对方的价值，并且他会认为你把他当劳力使唤。如果某件事对你来说相当有难度，而对方轻松帮你搞定，他会觉得自己的价值得到了体现。

三、不要让对方付出太大的成本与精力

向对方求教一些其非常在行的问题，或请求他帮一个小忙，一般不会被拒绝。如果两个人的关系一般，却要对方帮你一些比较费时费力的忙，就显得有些不妥。

四、及时给帮助者以回报

让别人愿意帮你，只是拉近关系的第一步，哪怕别人愿意持续不断地帮你的忙，也只有你知恩图报，这段关系才会平等而长久。

社会学家霍曼斯的"社会交换理论"认为：任何人际关系，其本质上就是交换关系。只有这种人与人之间精神和物质的交换过程达到互惠平衡时，人际关系才能和谐，而且只有在互惠平衡的条件下，人际关系才能维持。

所以说，在人际交往中，"客气"不一定就是一个褒义词。太过客气，意味着亏欠，意味着距离，而人际交往的本质，却是价值交换。如果人与人之间没有任何亏欠，那说明大家之间没有交往，关系自然也就很生疏。朋友相处，与其想"如何不欠别人的人情"，倒不如想一想"如何借麻烦别人增进关系"或"如何更好地还上别人的人情"。

"不占便宜"是教养，也是情商

几乎所有人都懂得一个道理：有借有还，再借不难。人情往来也是如此，有来有往，你好我好大家好。和这样靠谱的人相处，就算他不幽默风趣，少言寡语，也会感到很舒服。因为，你知道他不会故意坑你，更不会算计你。其实，这就是我们经常说的情商高，人缘好！

曹雪芹曾在《红楼梦》中写道：世事洞明皆学问，人情练达即文章。对一般人来说，虽然很难达到这般境界，但是，可以选择我待人诚，人待我真。毕竟，天下没有免费的午餐，还是讲究点礼尚往来的好。

一次，芳芳和两个朋友去吃自助餐，原本大家要AA的。吃过饭，芳芳把钱转给埋单的朋友。谁知，第二天朋友又把钱原路转回来，且附上了一条：这次算我请你们。

芳芳问："难不成你发财了,这么豪爽？你一定要收下。"朋友回复说："这次是我提议要去吃饭的，你们陪我半天，当然我请客，咱们下次再AA啊，千万不要转回来了！"朋友的口气非常真诚，芳芳只好作罢。在心里默默想："等下次我一定请你。"事后，芳芳便把这事给忘了。

像这样的故事在生活中很常见。虽然只是一顿饭，没有多少钱，但是白吃白喝的事情始终会让人心有不安。再者，嘴上承诺的"下次我请"，往往会没了下文。所以，与人相处，该感谢的，不要拖泥带水，该付出的，也别含混不清。别人待我三分，我敬别人三分，这样，大家才有来有往。

许多时候，看似一个小小的回报，其实彰显的是一份心意，是让对方知道：我麻烦了你，我真诚地想感谢你。同时，它也是一种态度：我不是那种白占便宜的人，你帮了我，我懂得回报。

那些总是能把事情做得很漂亮的人，不是因为圆滑，而是因为情商高。他懂得求人问路，也懂得投桃报李——别人帮自己是情分，不帮是本分。所以，既然别人肯帮自己，就不能让帮忙的人吃亏。哪怕是一杯咖啡、一支口红，至少让对方感受到你没有忘了他，而不是事情解决之后，就过河拆桥，抬脚走人。与人交往，行事作风是一个人的隐形标签。很多当时占的小便宜，有可能成为日后的绊脚石。

一次，张彬和几个朋友到市郊一个新开的景区游玩。这个景区是市里一家公司投资开发的，张彬正好认识这家公司的老总。其中一个朋友说："老张，你给那老总打个电话吧，凭你的面子，咱们几个人的门票都可以给免了。一个人100元，省不少钱呢。"

张彬摇了摇头。

另一个朋友说："你们真是不了解张彬，他怎么能占这点小便宜呢？"

对方又说："这算什么小便宜，几张门票而已，一句话的事儿。另外，若是让他知道你来了没跟他打招呼，是不是觉得你没拿他当朋友呢？"

他的话似乎很有道理，一时引起了大家的共鸣。

张彬说："我要占就占大便宜，几百元钱的事就搭个交情，真不值当啊，会让人瞧不起咱们。而且，商人做事讲究的是利益交换。今天咱们因为这事找他了，过后他肯定会找回来。找我没别的事，就是发稿子。有些稿子咱不能发啊，到时不尴尬吗，何必呢？"

大家听后直点头赞许：张彬想得远。

很多人把占小便宜视为不拘小节。比如，有些人常常到别人的办公桌上拿纸巾，特别是主人不在的时候，拿得更来劲儿。一次两次行，若长此以往，他的人品就值得怀疑了。或许有人会说，几张纸巾而已，怎么上升到了人品问题？

首先，纸巾乃私人物品，凡是私人物品，都不应该随便使用，这一点毋庸置疑。其次，纸巾是必备物品，如果这点东西平时都不注意准备，那么这个人在生活和工作上往往没有计划，甚至毛毛躁躁。

爱占小便宜的人格局自然大不了，这样的人往往自私自利，遇到好事就想上，碰到难事就后退。身边若是这样的同事多了，不仅工作难开展，自己干活受累，心情也不会好。因为他们不仅不能给人带来正能量，相反，还会拖累别人。老话说，"物以类聚，人以群分"。有来有往的人，朋友越来越多，自私自利的人，朋友越来越少。

莫把他人的客气当福气

人际交往，客气是最基本的礼节，陌生人之间要客气，熟人之间也要客气，你不懂得客气，就是不懂人情世故。大家都知道，客气话不必当真，太认真就是不识趣，就是没情商。有些时候，一些人就是要把别人的客气当运气、当福气、当饭吃，有时不是不知深浅，行事不经大脑，而是心太贪，脸皮太厚。这种人，很容易被人轻视。

一胖一瘦，二人合租了一套公寓。胖人家境比较好，人前总是趾高气扬，牛皮满天吹，什么"月薪一万，日子只能过成狗""每天吃盒饭怎么活"，但是在小事上却很计较。瘦人比较勤快，平时都是他买菜、做饭，虽然自己多花一点，但本着宽厚待人的宗旨，也不跟胖人算细账。时间久了，胖人便养成了一个习惯，想吃什么只需要给瘦人去个电话：

"猴哥，今天烧两个硬菜。"

"上次那个排骨做得太难吃了，兄弟，今天定要换个口味。"

"顺便准备两壶酒，菜要荤素搭配。"

自己一毛不拔，还理直气壮。有时没饭可吃，或饭菜不可口，便唠唠叨叨：不就弄两道菜，哪儿那么麻烦。瘦子也是一肚子气：你不怕麻烦，也没见你自己做呀！

两人出门打车，付打车费时，每次只要瘦人一客气"我来吧"，胖人立马回一句"好吧"。瘦人都想抽自己嘴巴，这哥们儿怎么总是拿别人的客气当福气！

说大气话，办小气事，总是拿自己不当外人，把别人的客气当福气的人，非常考验他人的忍耐度。

人情交往中，也难免会有利益往来，今天你占我一点便宜，明天我占你一点便宜，无可厚非，如果揣着明白装糊涂，天下的便宜都想占尽，还要摆出一副"分明是你太客气"的嘴脸，必遭人小看。

把别人的客气当福气的人，也是一种思维惯性：只要别人一客气，我就应该捞到点什么好处，否则，会觉得浑身不自在，这样的人太贪。如果我只有一口饭，只勉强够自己活命，那我肯定不会分半口给你。如果我有一锅饭，自己吃饱了还有多余，我就乐意分给你吃，分给你是情分，不给你也是应该的。

所以，不要把别人的客气当福气，做人必须有这点自知之明。没有自知之明的人，实在让人头痛，有时，芝麻点大的事，人家犯不着和你较真，一较真必然伤感情，不较真，你却一个劲儿地占人便宜，谁受得了。

有个朋友在小区开了一家水暖器材商店，时间一长，不少人只借不买，他本着和气生财的经商之道，谁来张口都借。有一次，一个人把工具用坏后送回来了，还说"你这工具早就坏了，我明天给你修修"，听那口气，仿佛是他在做好事。有时碰到借了工具没还的人，他向对方讨要，对方立马回一句"别那么小气，隔天还你"，好像工具是自己的，讨要反而不对了。朋友因此生了不少气，后来，他再也不做傻事了，谁来也不借。

借工具给别人用，也是为人民服务，借给你是一种情分，你还工具是本分，有的人就是喜欢颠倒是非，把别人的客气当成自己应该享有的福气。

做人，脸皮再厚，也不能把别人的客气当运气、当福气，一次两次，人家会说你不懂礼、不懂事，次数多了，就是情商问题了。

事多故人离，朋友不是用来索取的

中国人常讲"独善其身"，用在社会交往方面，大概可以这么理解，就是不管有没有钱，有没有能量，都要把人做好了，不能因为穷、没本事，就连累亲戚朋友，给别人添不必要的麻烦。也不能因为自己发达了，就瞧不上这个，看不起那个，把别人贬得一文不值。其实，你过得好坏，与别人没有一分钱关系。

一天，小张和处了 10 多年的铁哥们儿彻底闹翻了，一时间上了朋友圈的"头条"，所有人都觉得不解。从学生时代起，两个人的关系就非同一般，怎么友谊的小船说翻就翻？原来两人合伙做生意赔了钱，事后一分析，两人做生意的路子不同，于是，各干各的。但是，朋友的生意越做越大，小张的生意总是不景气，时常张口向朋友借钱。一来二去，就欠了朋友 20 多万元。两三年了，朋友不好意思张口要，他也没有要还的意思。一次，他又向朋友张嘴，结果，这回吃了闭门羹，他一时难以接受，觉得对方不够朋友，10 多年的关系白处了。于是，两人产生了一些隔阂。后来，他赌气还上朋友的钱，发誓不再与其来往。

或许小张认为朋友经不起考验。其实不然，若你伸手的次数多了，并且把"伸手即有所得"视为理所当然，再铁的朋友也经不起这种考验！俗话说"事多故人离"。朋友是不可用"友情"来绑架的，也不是你随时可以透支的信用卡。与人相处，如果把"透支"对方视为他"对得起你""够朋友"，那你又算什么呢？

你有钱，可以不去帮助别人，但是你没钱的时候，一定要少给别人添麻烦。虽然"不麻烦别人"，没有"伟大""高尚"这样的词严肃和辉煌，但也能体现出做人的情商。

朋友不是用来"麻烦"的、"提要求"的，你能站着却坐着，能坐着却躺着，总是以"麻烦"别人为己任，还要振振有词，细数朋友对不住你的条条"罪状"，那你身边的朋友只会越来越少。

做一个受人尊敬的人，就别把友情不当回事儿。人与人就是这样，你对别人好一点，别人也会对你好一些，你多帮助别人一点，别人也会多给予你一点。

郑先生刚工作的时候，认识了一位同事。这位同事有个特点，就是上班的时候喜欢睡觉，当天晚上回家赶第二天的工作。所以，他白天状态很差。有时，他的工作出了问题，领导提了意见，他总是让郑先生帮他修改，他继续做自己的白日梦。一次两次，也没什么。但后来成了习惯，他连招呼都不打，直接把他的"作业"摆到郑先生桌上，那意思是"你按领导的意思改就可以喽"。那时，郑先生真是有点烦他了。他这么照顾对方，虽也算举手之劳，但对方连句感谢的话也没有。

后来，这位同事出去创业了，项目换了很多次，却没有一次成功。有一次，他想起了郑先生，给他打电话说："你真是个好人，自打离开那个公司，再难碰到你这样的人，现在的人真是太精明了。"不管怎样，现实的社会终于让他对人情世故有了更深的认识。

许多时候，我们做一些事情总是不顺利，其实说一千道一万，还是与情商有关。有的人总是想，能不麻烦别人就不麻烦别人，而有的人呢，却是想着能麻烦别人就麻烦别人，能多提要求就多提点。但是，只赚熟人的钱能赚多少呢？竭泽而渔，鱼肯定会被抓光的。只是很多人太短视，从来不想这个。

少麻烦别人，对别人多一点点敬畏，多一点点尊重，会让你吸引更多的人。感情这种东西是用来呵护的，不是用来麻烦的。你过分"麻烦"别人，麻烦可能就真的来了，有些东西一旦失去，一辈子也找不回来了。

万不得已，不要在钱上麻烦别人

从古至今，钱都在人们的生活中扮演着极其重要的角色，可以说没有钱，寸步难行。钱可以解决我们生活中绝大多数的问题。比如，夫妻吵架，妻子嫌丈夫没出息；比如，长辈住院，儿女到处拼凑手术费；比如，孩子出国留学，学费、生活费还差一大截；再比如，公司运转不灵，急需流动资金等。

当钱染上感情的色彩，被各种关系牵绊的时候，就不仅仅是用于交换的货币了。常言道，人心难测。而金钱却是一个非常有效的测量人心与情商的工具。它可以检测出人性深处的阴暗面，让人性的弱点暴露无遗。

平时，朋友、熟人之间借钱，解人之急，确实是一件好事，但结果，常常是好事变成了坏事，甚至吵闹得不可开交。

王君有一个朋友。十年前，他向朋友借了三万元钱，当时他承诺："只用两个月，两个月后一定还。"朋友觉得这是好事，时间不长，才两个月，还能赚一份人情。于是，除了自己手里的一万多元，又向别人借了一万多元，都交给了王君。两个月后，王君没有还钱的意思，朋友有点着急了，便找到他提还钱的事。王君说："再容我一段时间吧，事情进展得不顺利，现在手上一点钱也没有了。"

这一拖就是近十年。最后，对方只好把他告上了法庭。这个时候，王君没有了仗义，有的只是私心了，认为朋友没义气。因为，这时候他考虑最多的是自己的难处，而无力顾及朋友的感受——人在困难的时候，为自己想得最多，为别人想得很少。

向别人借钱，若是还了，就只欠对方一个人情；若是不还，对方还不能讨要，否则可能产生恩怨。所以，和别人借钱时，一定要按时还上，如果还不上，最好不要开那个口。一般情况下，对方三番五次要求你还钱，是不可能不伤及颜面的。再者，欠钱不还，个人的声誉也会受损。

高情商的人，很少在钱上麻烦别人，因为钱是很敏感的东西，借不好，会借出麻烦，甚至借出仇人。如果一定要在钱上麻烦别人，必须把握好分寸。

借钱之前，要把别人当成你自己，学会换位思考，如果对方向你借钱，你会怎么做；借钱之后，不要摆出一副借到钱就是"大爷"的态度，而是要懂得这钱因为信誉得来，不要自毁诚信。

凡是你第一时间想到可以向对方借钱的人，都是和你关系比较近的人，若想成功借到钱，既要懂得借钱之道，更要把这个朋友放在心里，而不是抱着把钱借到手后就分道扬镳的心理借钱。

一次，一个关系还过得去的朋友向小高借 1000 元钱，就在小高犹豫时，朋友又发来一段类似于借条的文字，在这段文字中，他写了声明表示于某年某月某日因何事借了1000 元钱，一个月后本金加利息共还他 1100 元，最后落上他自己的名字与身份证号码，看起来还挺严肃的一段说明。

之后，朋友又发来语音信息，说他最近送出的份子钱比较多，自己又是"月光族"存不住钱，更不好开口问父母要钱，便向小高借 1000 元，等到第二个月发工资时连本带利一并还上。看见对方态度很诚恳，小高便把钱借给了他。

小高愿意把钱借给他，不是担心不借会伤害朋友感情，而是他借钱的方法让小高比较放心。一个月后，虽然对方没有一次性把钱还上，还是开始分期还钱。从中不难看出，这位朋友是一个讲信誉、重情义的人。

好的感情，不是不谈钱，也不是以感情为保护网，而是能站在对方的角度思考问题，能体谅对方的难处，能理性地看待金钱与友谊的关系。如此，既维护了感情，也避免彼此心里产生芥蒂。

人难免有需要资金周转的困难期，你在借钱时，一定要表现出你的高情商。具体来说，有以下四点值得注意：

一、就事论事，打借条不打感情

不管关系如何，要想让对方心里没有疙瘩，爽快地借钱给你，一定要公事公办，把该打的借条打好。有的人向别人借钱，习惯先谈感情，其实这是一种低情商的做法。在商业化的今天，对于一些必须先谈钱与规则的事，我们最好先谈钱，谈钱的好处是能够保证双方各自的利益。所以，向别人借钱时主动提及打借条，哪怕几百元也要打借条，这不仅是信誉问题，也是原则问题。如果数额比较大，除了借款人主动向对方写借条外，最好也能提供抵押物让对方放心。比如，房子、车子、奢侈品等，以银行的借款形式签订协议，让双方心里都踏实。

二、还钱带利息，再借不难

一个高情商的人向别人借钱，必定会主动谈利息，主动谈利息，就好似拎着水果、礼物去别人家拜访一样，主人心里一高兴，事情就比较容易谈成功，借钱主动提及利息也是同样的道理。

无论是借钱多或少，还钱时带一点利息都有助于以后还能借到钱，也塑造了自己诚实守信的良好形象。关于还钱的利息，一定要在借条中注明，而不是嘴上说说。如果自己还款能力一般，可以根据自己的还款情况对利息进行上下浮动调整。

三、考虑对方的顾虑

当你成功向朋友借到了钱，但是快到还钱日期时身上又没有钱怎么办呢？为了让这样的意外情况出现时有方法可解决，也为了打消别人的顾虑，借钱之前，与对方说清要求。

如果临近约定日期未能按时把钱全部还清，以5000元为例，可以先还1000元表示诚意，再与对方如实说明自己当前的困难情况，如果实在困难，可以分批次还清本金，后面再补上利息，也可以请求对方多宽限一段时间，再一次性连本带利还清。你把对方的担忧考虑进去，对方自然会在心里增添几分对你的信任。

四、给别人留有余地

很多人向别人借钱，从来只考虑自己缺钱，未曾考虑对方的经济情况。想要快速借到钱，在借钱时，最好向有经济能力的人借钱。不要在对方不能承受的范围内借钱。举个例子，如果需要借 10 万元，不要向一个人借这 10 万元，最好向 5 个人借，每人借 2 万元，这样做的好处是既不会让别人感到压力巨大、难为情，也增加了成功的概率。

情商高的人之所以更容易借到钱，不是因为他们的个人魅力大、社会关系厉害，而是别人信任他们，也信任这份情谊。

会"麻烦"，是一种高级的社交

很小的时候，家长老师就教导我们："我们要自力更生，自己的事自己做，不要给别人添麻烦。"所以，我们一直把"麻烦别人"和"给人添麻烦"等同起来。当自己遇到无法解决的问题时，心里总是非常纠结。即使打算麻烦别人，在开口前也会让自己先矮三分：如果对方不答应怎么办？这次欠的人情该怎么还？这点事也要求人，会不会被人笑话？要不要我自己再努力一下？实在不行再求人。

美国的行为艺术家阿曼达·帕尔默，在她著名的TED演讲"请求的艺术"里讲述了自己的故事。在做街头活体雕塑乞讨卖艺的日子里，她通过和经过的每个人的眼神接触，深深地体会到：请求的核心是合作。他们给予她金钱的时候，更希望通过帮助他人感受到彼此真实的存在与关怀。

可以看出，阿曼达·帕尔默是一个情商很高的人。所以，她在求人的时候，心里不会有太多的负担，也不会感到歉疚，因为，她相信自己与世界是合作而非竞争关系。只有持这种心态去麻烦别人，才能摆正自己和对方的位置，而不会让自己低三下四，让"麻烦别人"成为一件丢面子的事。再者，你不敢麻烦别人，丧失的不只是结交别人的机会，也是展示自我的机会。

三年前，余刚从政府机关辞职，进入了一家公司。他曾经暗暗发誓：以后再也不会求人了，相信我一定会做好自己的事情。现在，余刚主要做政府关系方面的工作，不了解这份工作的人，会觉得他很风光，工作轻松，还很体面，整天进出政府办公大楼。其实，余刚很不喜欢这种工作。他说："不管你代表的企业有多牛，当你拿着一纸公文站在有关部门的窗口，都不过是低到尘埃里那个求人办事的。"

有一次，董事长让他约见某省会城市的副市长，之前，他与这位副市长见过一面，只有他秘书的电话，所以，他不知如何约到这位副市长。

就在他一筹莫展时，想到了一个前辈，于是找对方诉苦，对方听完他的吐槽，完全没有理会他的心情，而是问："不就是张口问问吗，这事很难吗？再说了，就是人家不答应，你也不会损失什么呀！而如果你不张口问的话，永远也不知道答案。"

于是，余刚厚着脸皮给副市长的秘书发了一条短信，没想到对方回复得很快。后来，这件事还真办成了。

在现实生活中，许多时候，是我们自己的想法太多，是自己困住了自己的手脚。不求人的人，要么不敢求人，要么不屑求人，前者看似自卑，后者貌似自负，但其核心都是对求人帮忙这件事的本质不了解。

当然，麻烦别人也不能毫无节制与分寸，要有尺度和方法。

一、麻烦有尺度，往来有界限

A女士每年都要出几次国，每次都有朋友让她代购。最近，她又拉黑了一个朋友，原因是对方不厌其烦地让她代购，她有些吃不消。起初，她只给对方代购奶粉，后来，对方越来越出格，不仅让她帮自己购买玩具、化妆品，还要求和她视频，让她在线帮自己挑衣服。A女士忍无可忍，下了狠手，拉黑对方。两人多年的友情也就此终止。

在这个故事中，可以说，A女士的朋友是一个麻烦的制造者，而不是在麻烦别人。一个有分寸的人，不会因为鸡毛蒜皮的小事处处麻烦别人，也不会不顾忌场合和对方是否方便，而随意去麻烦别人。没有分寸感，就成了让人厌烦的人。

二、记得及时偿还麻烦的"债"

把握有度的"麻烦"，是在一次次恰当互助中建立稳固的关系，经得起时间和金钱的考验。这才是麻烦别人的意义所在。当前，许多人都很忌讳和自己的朋友出现金钱瓜葛，认为在金钱利益面前，关系容易变得脆弱不堪。但同时，金钱才是检验一段关系和感情的试金石。这一关过了，你们的关系会更近一步，过不了，那也就是缘分尽了。

一个身心健康、高情商的人，必然不是一个孤家寡人。他一定有着稳定亲密的社会关系，身边有家人，有三五好友、一两知己，有因为爱他总是舍得麻烦他的人，也有他爱的总是愿意伸手帮一把的人。在职场和生活中，会麻烦别人的人，深谙礼尚往来的社交精髓，知道自己的软肋在哪里，因此，高情商地麻烦别人，是一种高级的社交手段。

第九章

看到别人的美好，给他想要的认同感

　　能够认可别人的优秀，是一种能力，也是一种情商。低情商的人，对于夸奖，总是处于一个被动状态，往往是别人夸奖他，他对于别人的优点、成绩，通常很少做出自己的评价。高情商的人恰恰相反，他们能放弃狭隘的眼光，走出孤芳自赏的怪圈，真诚地欣赏、赞赏他人。

该捧场的时候，不要煞风景

在与人们的交往过程中，要想赢得别人的好感，就应该多赞美别人，不要轻易去否定对方。看到别人优点的人才会进步得更快，总是挑拣别人缺点的人会故步自封，反而退步。所以，高情商的人善于捧别人的场，这种捧场是发自内心的、真诚的。捧别人的场，让人舒服，给人方便，自己也会有面子，两全其美的事，也不需要付出多大代价，何乐而不为呢？

从前，有位官员会客时，实在憋不住放了一个屁，旁边的两个客人听见了，一个说："屁响，但没臭味。"另一个说："不但不臭，还有香味。"官员听了，有些不高兴了："我听医生说，屁不臭，那是内脏坏了，难道我病重了吗？"一位客人忙用手掩鼻、另一只手扇着风说道："我闻到臭味了！"另一客人皱起眉头："这屁臭得厉害啊！"

捧场，首先要知道什么是"场"。场，是场面、场合，只有在场面上捧人，才能捧出面子，至于场下捧不捧意义就不那么大了。

低情商的人捧场，一是不分场上场下，经常是费了九牛二虎之力，该捧时而煞风景，不该捧时胡乱吹捧；二是认为捧场就是拍马屁，自己脸皮薄，此等低俗的差事实在干不了，嫌丢人。认识上有错误，能力就会受限，即便巧舌如簧，也难捧到一定高度。

曹先生在一家保险公司工作，不但人实在，脑子还直，本不善说漂亮话，还喜欢凑这个热闹，经常把本该往人脸上贴金的事弄成"打脸"的事。有一次，在朋友父母的寿宴上，对着寿公寿婆大谈人寿保险的好处，保险没有推销出去，却把人说得脸色一阵青一阵紫。

还有一次，同事怀孕了，他却跟人较劲：这年头养孩子有什么好处。还有更绝的，参加朋友婚礼，当朋友带着新娘来敬酒时，他一时语塞，想不出祝福什么好，竟说"今天的饭菜太好吃啦，下回别忘了请我，我一定捧场"，当场雷倒不少人。人家还以为他故意出洋相，来砸场子的。

在场面上捧人，就是要让人感到有面子。比如，去别人家做客，要感谢主人的邀请，盛赞菜肴的丰盛可口，也可以称赞主人的室内布置，小孩的乖巧聪明……又如，赴宴时，感谢主人的邀请这一点绝不能免，另外要称赞主人选择的餐厅和菜品。再如，某人写得一手烂字，你偏不能说"烂"，实在想不出哪里好，可以捧他对书法的喜爱，对传统文化的研究等。若本人也觉得写得不咋样，就不要说"好字好字"，一听就是很廉价的马屁，那是很"打脸"的事儿。

没有人不喜欢掌声，为什么有些演员登台时，总要故弄玄虚地吼那么两嗓子？就是要掌声嘛，实在要不来，就直言"掌声在哪里"。只有你捧得给力，他演得才卖力啊。有些领导讲话，讲到自己认为很精彩的部分，总要停顿那么一下，眼神还要环顾一下会场，想什么呢？当然是"掌声响起来！"脑子不开窍的人，就意会不到这一点，领导看他，他看领导，"为什么要停下来，出啥状况了"，分明是你的情商低——这么精彩的讲话，你应该有所回应啊，哪怕点个头。

我们无时无刻不生活在各种场面中，大家相互找关系、搭场子。要善于去发现别人的美好，该捧的时候也要捧一捧。捧场不需要成本，却能捧出人情，捧出面子，也捧出自己的好形象，这实在是一笔划算的"买卖"。

做小人物也要有君子风范

过去，相较地位高的人，平头百姓惯称自己"小人"，地位高的当然是"官老爷"了，给官老爷当差，当然你要做个懂事的"小人"才行。学会当"小人"，就是要学会当下属，学会与上司、贵人，或有较高声望的人相处。不要想当然地认为，这只是个角色转换问题。

有一则笑话：一个连级干部，接待一个团级干部，喝酒过程中后者如厕，因为厕所苍蝇多，前者拿了一把蒲扇尾随，当时坑位是敞开式的，于是前者在后者蹲坑的时候给他打扇。团长说："不用了，扇子给我，我自己来吧。"连长说："没什么，我们营长交代了，要为您服务好！"团长说："真不用了，还是我自己来吧。"连长执拗不干，还是要亲自帮他打扇。推辞几次后团长火了："说了不用就不用！难道老子连打扇都不会吗？"连长脸唰地通红，交了扇子，乖乖退出去了。

上面的例子中，连长总想着拍领导的马屁，连领导上厕所的机会都不放过，精神可嘉，但漂亮话说得不是时候。他没有理解领导的用意，谁愿意自己如厕让人家看呢？毕竟不雅观啊。

在生活中，要做一个高情商的小人物，必须学会说话。

会说话，可以营造轻松、欢悦的氛围，而且这种氛围是免费的，还不用花时间到剧院、影厅，哪能不让人心生欢喜？你想，现在哪个老板精神压力不大，闲下来都巴不得有个人陪他说话解闷。当然，再上升一个层次，会说话也是一种完成任务以外的创造精神产值的行为。

金庸所著《鹿鼎记》中，主角韦小宝便是个高情商的赞美大师，虽然没多少本事，却说得一嘴漂亮话。自古以来，生活得好的人可以不读书，不耕田，但不能不会说话。今天也不例外，想与有层次的人交往，想混有层次的圈子，就要学会赞美。

说完"赞美"，再来说说"压"。压，方向当然是向下了，压谁？怎么压？凭什么压？不晓此理的人会有"一万个为什么"。有些人说，自己就是个普通职员，哪有资格压人，被人压还差不多。压，不是说通过权术去影响、改变别人，而是要懂得压事。你压不住事，大事小事都让领导出面，那你这个人的分量就会变轻。领导喜欢能压事的下属。

比如，食客想讹人，找到你这个跑堂的，硬说从菜盘里面吃出了脏东西，没什么好说的，赔钱吧。你猴急地把老板找来，你们爱怎么办，不关我事，这就显得业余。正确的做法是：站出来独当一面，尽可能以最小的代价去解决问题。在任何时候都一样，你不想压事、不敢压事、不会压事，当然难受重用。当然，不该压的事要第一时间汇报。

再来看看"哄"。哄，有"硬哄"与"软哄"之分。硬哄，就是不讲理地捧，要有多大力使多大力，不要怕捧得太高摔下来，即使摔了，也不关你的事。比如，有朋友说："不行，不行，比你们年轻人差多了。"不要认为人家真说自己不行，这时你偏要说他行，而且要例证，最后不行也行。

软哄，就是要顺着对方的意思说话，对方说自己不行，你也觉得真不行，那就要顺着他的意思帮他找些靠谱的理由：或是精力有限，或是用人不靠谱，抑或是心地太善良，办不了狠心事。对方嘴上可能会说"还是你最了解我"，心里说不定乐着呢："你小子真会说话。"

在现实生活中，如果只是做个精于算计、通于谋略的小人，阴、黑、厚，是被人不齿的，大家也会对其敬而远之，毕竟这样的人潜伏在自己周边，迟早会惹出麻烦啊。做"小人"，就是要做受人尊敬、高情商的普通人，要表现出君子风范，要与身边的任何人都能处得来，如此，才能在职场中如鱼得水。

将心比心，真诚地赞美别人

真正的情商，并不是如何通过"人情练达"和"抗挫能力"来取得成功，而是在平时说话做事时，尽量站在别人的立场上，多考虑别人的感受。当你懂得将心比心，照顾他人的情绪，善于化解矛盾，用一颗善心去为人处世，那么情商不用苦苦追求，就会水到渠成地拥有。

1952年，被称为"现实主义艺术大师"的屠格涅夫在一次打猎时捡到了一本皱巴巴的《现代人》杂志。他随手翻了几页，竟被一篇题名为《童年》的小说吸引。作者是一个初出茅庐的无名小辈，但屠格涅夫十分欣赏。他四处打听作者的住处，最后找到了作者的姑母，表达他对作者的欣赏与肯定。

姑母立马写信告诉侄儿："你的第一篇小说在瓦列里扬引起了很大的轰动，大名鼎鼎的《猎人笔记》的作家屠格涅夫逢人便称赞你！"

作者收到姑母的信后惊喜若狂，他本是因为生活的苦闷而信笔涂鸦打发心中的寂寥，由于著名作家屠格涅夫的欣赏，一下子点燃了心中的火焰，找回了自信和人生的价值。

于是他一发不可收地写了下去，最终成为享誉全球的艺术家和思想家，他就是列夫·托尔斯泰。

卡耐基的《人性的弱点》一书中有这么一段："我们每个人都渴望真诚的赞赏。这种渴望不断地啃噬着人的心灵，少数懂得满足人类这种欲望的人便可以将他人掌握手中。"

这个简单的观点现在已被科学家证实，人的确很容易被赞美之词所影响。有研究显示，当人们听到电脑程序发出的"你好棒"时，所刺激到的大脑区域和中了大奖时刺激到的区域是相同的。

欣赏别人，会给别人带来无穷无尽的力量，甚至他会因此有很大的进步。表达对他人的欣赏，是一门学问，是一种襟怀，是一门艺术。高情商的人，愿意承认别人的优秀，善于表达对他人的欣赏。

有人说："高情商不就是虚伪做人，对别人溜须拍马，以达到自己的目的吗？"当然不是。那它们的区别在哪儿呢？

善于溜须拍马、虚伪的人，他们的功利心都很强，做起事来看重目的和结果。而对于别人的夸赞，只是为了达到目的而不得已采取的手段。

这样的人，只是耍小聪明而已，一旦目的没有达成，他们就会自怨自艾，看到比自己强的人就会抱怨和嫉妒。

而高情商的人，他们更注重心灵的安宁、气氛的和谐和生活的质感。他们对于别人的赞赏，往往是出于真诚，让别人心情愉悦，活跃气氛。对于他们来说，事情的结果没那么重要，心态的满足和人际关系的稳定才是最重要的。

他们善于欣赏别人的优点。对于比自己强的人，高情商的人会善于观察并借鉴其优点去学习，来进一步完善自己。

他们的心是光明正大的，这样的态度是"大智慧"。

耍小聪明的人，往往会陷入某一次的失利中出不来；

而有大智慧的人，因为计较得少，故而他们的格局要大得多，古今成大事者，往往是这类人。

所以，你有什么样的心境，就有什么样的态度；有什么样的态度，就有什么样的行为；有什么样的行为，就会有什么样的人生。

一次，赵燕到一位讲师家做客，恰巧那天讲师的儿子带着女朋友回家。赵燕说了一句："这孩子跟他爸一样，会挑。"短短十个字，把四个人全都夸到了，表现出了极高的情商。

夸奖别人，是一件令自己感到愉快的事情。所以，不妨多在你身边的亲友身上寻找优点，尽量多夸赞他们，在把夸奖之词说出来之时，你就已经得到了回报。夸赞人，是一件既利他又利己的事情。而嫉妒、诋毁别人，常常让自己的火气更大、心情更糟糕。

尊重他，请先尊重他的"游戏"规则

尊重别人就是尊重自己。每个人都有自己的原则，都有自己做事的规矩，当你的原则、规矩与他人的相遇，甚至产生冲撞时，记得要尊重他人。我们永远不要把自己强硬地推销给别人，要善巧地了解对方需要什么，也要尊重对方的规则，尊重对方的"游戏"。面对不同的群体时，首先要尊重、包容，不能有"我"——这种智慧，老祖宗称之为"无我"——如果让别人觉得有一种巨大的潜在在侵略他、挤压他，你就失败了。

早年间，李鸿章曾到英国、美国、荷兰等国家走了一遭。刚到美国时，他就问接待他的一个美国人：你能听懂中国话吗？你是哪里人呀？你一个月赚多少钱？老婆也是美国人吗？她怎么没有陪你来呀……

问得没完没了，还全问些私事，人家不高兴了："你能尊重我一下吗？"

李鸿章一听就怒了："哎呀，没看出来，脾气还挺大，既然你这么不懂事，那我现在就来告诉你，按大清的规矩，我既是你的长辈，又比你官大，问你什么，你老老实实回答便可，哪来那么多废话？"

他还向美方投诉了接待官员的无礼，美方的答复是："中堂大人，你说的是大清的规矩，那些规矩在这里不好使。"

不好使？李鸿章不开心了："为啥不好使？"

对方答："那些烂规矩太不尊重人了。"

你到了别人的地盘，就要按别人的套路来，这就是规矩，也是我们常说的游戏规则。就拿人情世故这点来说，老外谈生意，有他们的一套路子，回到中国，把那套东西全搬过来不见得有效，那怎么办？按中国人的套路来。比如，我今天到了某地，请客吃饭就要多遵从当地的风俗，明天到另一个地方，就需要了解这个地方的一些风俗，后天又换了一个地方，那就再去了解那个地方的一些规矩。

这意思是说，你到了一个新的环境，与一些生面孔接触，你要知道这里谁说了算，什么该做，什么不该做，要尊重什么，避讳什么……

不能说我当老大当惯了，你就得尊重我的选择，高情商的人不会这么做，这是游戏规则，你能量再大也不能坏了规则。比如，你是一个讲师，演讲很牛，你非要和老板说："老大，咱们五五分成好不好？"不可能的，老板可能只给你 10% 的提成，这就是游戏规则。这个地方他是老大，你也想过来当老大，就会坏了规则，规则一坏，许多事情是没有办法做下去的。

在发展人脉关系时，一定要想清楚这点，哪怕是一个不起眼的细节也要注意到。有时候，规矩就体现在细节中。比如，你在公司要会见客人，不想系领带，可以解释一下："我这个人脖子有点粗，找不到合适的领带。"或者说实话："我这个人什么都不怕，就怕热，一打领带就会出很多汗，所以不系领带显得更放松。"但有些场合就不同了，你去参加一个很正式的庆典，或去一个很正式的场合，会发现所有人都系着领带，你不系显然不合适。如果你是老大，你可以不系，问题是你不是老大，你不但要遵守别人的游戏规则，也要遵守一些世俗的规则。

这个问题展开来谈，会涉及很多方面，如人际交往中的拜访、商业中的谈判、朋友圈的聚会等。一句话，不管你是什么，你有什么样的规则，都要学会尊重别人的游戏规则。否则，坏了规矩，落个"不懂事"的名声，办任何事情都会变得困难。

在现实生活中，高情商的人在面对不同的人时，会变成他们需要的那个东西。比如，人们需要一杯水时，他就是那杯水；人们需要一种清凉时，他就给人那种清凉；人们需要一本书时，他就是那本书……

欣赏别人，才能被人欣赏

胸襟狭窄、习性怪癖、对人挑剔的低情商的人，即使头脑聪明、才能卓越，也难以开拓一片属于自己的天地。因为这种人身上有一个致命的缺陷：习惯"弃人"而不能"容人"。他们性情孤傲，刚愎自用，对人吹毛求疵，处处取憎于人，而且不会欣赏他人，更看不到他人身上的美。

　　一个年轻人来到一个陌生的地方，碰到一位老人，年轻人问："这里如何？"老人反问："你的家乡如何？"年轻人说："简直糟糕透了。"老人接着说："那你快走，这里同你的家乡一样糟。"又来了另外一个年轻人问同样的问题，老人也同样反问，年轻人回答说："我很想念家乡……"老人便说："你的家乡很好，这里也同样好。"旁观者觉得诧异，问老人为何前后说法不一致。老人说："你要寻找什么，你就会找到什么！"

　　在不同人的眼中，世界也会变得不同。其实星星还是那颗星星，世界依然是那个世界。你用欣赏的眼光去看，就会发现很多美丽的风景；你带着满腹怨气去看，就会觉得世界一无是处。

　　一个盲人在夜间走路，总是打着灯笼。旁人窃笑不已，问他："你走路打灯笼，岂不是白费蜡烛？"盲人正色答道："不是，我打灯是为别人照亮的，别人看见了我，就不会碰到我了。"

　　照亮别人就是照亮自己，懂得欣赏别人，自己才可能被人欣赏。古希腊有一句谚语：每滴水里都藏着一个太阳。

寓意是每个人都有他的优点，都有值得被他人学习的长处。认可对方的重要性，并表达由衷的赞美，就能够赢得回报。因为人类行为中有一条重要的法则就是，欣赏他人，满足对方的自我成就感。因为人性中最深切的心理动机，是渴望被人赏识，当这种渴望得到实现，许多潜能和真善美的情感便会被奇迹般地激发出来。

那怎样对他人表现你的欣赏之情呢？

一、要充分尊重对方

欣赏就是尊重，尊重的本身就是对别人的优点和长处的认可。尊重别人，就是尊重自己。如果不学会欣赏别人，你永远都不知道自己是否有值得别人欣赏的地方，最终只会被他人、被社会抛弃；你会永远找不到朋友，得不到快乐和幸福，品尝不到人间的乐趣；你会孤独、苦闷，一生都得不到别人的关心和帮助。

有时候，我们看一个人，总喜欢用挑剔的眼光，或者干脆带着放大镜，去寻找人家的缺点，然后直言不讳地指出来，一针见血，切中肯綮。并且对自己不藏着掖着感到沾沾自喜，觉得自己非常正直，不虚伪，不矫饰，但丝毫没想到这是缺少教养的表现，最起码是对别人劳动的不尊重。

人与人之间是平等的，欣赏别人的长处和优点并不等于自己就不如别人，只有你尊重别人了，别人才能尊重你，人人都是需要尊重的，人人都是需要欣赏的。欣赏别人同样也是欣赏自己。

二、表现出豁达的风度

人不是完美的，每个人都有自己的长处和短处，世界上根本就没有完美无缺的人。雨果说得好："世界上最宽阔的是海洋，比海洋更宽阔的是天空，比天空更宽阔的是人的胸怀。"因此，我们要有一颗宽阔的平常心，用宽阔的胸怀来容纳别人，用平常的心态来对待别人。

妄自菲薄和恃才傲物都是不可取的，它只会使人沦于平庸。而正确地欣赏别人就会使平庸变得优秀，使自卑变得自强，使消沉变得进取，使自满变得谦逊。

春秋时期，管仲少时贫贱，早年曾与好友鲍叔牙以经营小买卖为生。管仲出的本钱没有鲍叔牙多，可是到分红的时候，他收了应得的那一份，还要再添点儿。鲍叔牙的手下骂管仲贪得无厌，鲍叔牙替他辩解说，他家里人口多，开销大，我自愿让给他。管仲带兵胆小怕事，手下士兵不满，而鲍叔牙却说，管仲家有老母，他为了侍奉老母才自惜其身，并不是真的怕死。鲍叔牙百般袒护管仲，是因为他知道管仲是个不可多得的人才，只是还没有机遇施展。管仲感叹道：

"生我的是父母，了解我的是鲍叔牙啊！"就这样，他们成了莫逆之交。后来，管仲在鲍叔牙的极力推荐下，成了齐国宰相，帮助齐桓公成为春秋五霸之首。

鲍叔牙欣赏管仲，百般袒护，连齐桓公的重用都让给管仲，而他却心甘情愿。可见，欣赏别人要有多大的气度与胸襟。

所谓的高情商，一个重要的指标就是，知道怎样用欣赏的目光把一堆粗树根变成艺术品。当然，学会欣赏别人，最好还是别做什么"追星族""追款族"，把欣赏变成崇拜，追星追款追得连自我都找不到了，这样"欣赏"不是很悲哀吗？假如我们肯把自己欣赏的目光从那些近似海市蜃楼般的"星系"中收回来，看看身边这些你从来不曾欣赏的人，你会发现，他们虽不如明星、大款那般被"炒"得火爆，但仍旧认认真真地生活着，努力地工作着，真诚地与人打着交道。他们在与人交往中所表现的同情、关切、微笑和互相帮助都是朴实而真切的。

一个人心里有什么，眼里就有什么，心里有阳光，眼中就是晴天，心里有风景，眼中就不会有沼泽。

欣赏是一种水平，是一种能力，也是一种情商。能够欣赏别人，是你智慧与心态的凸显，是你品质的展现，也会让你赢得别人的尊重。当然，欣赏别人，也会让你逐渐将别人的优点化为自己的优点。

分享荣耀的时候，要提到别人

在职场中，我们除了要学会和朋友分享生活，分享物质财富，分享痛苦和快乐，还要学会分享荣耀。情商高的人都明白，没有人能独自取得成功，在做出贡献或取得成绩的时候，一定要把荣誉的蛋糕多切几块。让别人分享你的荣誉，会让你取得更大的成功。如果总是自己独享胜利的果实，就会让身边的人丧失与你合作的积极性。

不少人在职场上独当一面，或者事业做得很成功，但是仅得不到他们想要的尊敬，反而成了同事们的"眼中钉、肉中刺"。究其原因，就是他们想把所有的荣耀都紧紧抓在自己手中，不懂与别人分享。长此以往，谁还会再重视他们呢？

侯建是一家企业的销售主管。有一个月，他所负责的部门业绩突出，超额完成了公司下达的任务。按照公司的相关规定，主管可以得到一笔可观的提成。老板也为他取得的成绩感到高兴，并决定在公司内部开个表彰会，把他作为大家学习的榜样。会上，老板让侯建上台讲几句话，和大家分享下自己的心得体会。

侯建上台后，把自己部门的业绩全部归功于自己调配人员的技巧、处理大订单的果断和如何辛苦加班等，自始至终没有提起一句感谢同事、下属之类的话。

会后，下属和同事们开玩笑要他请客庆祝，他一脸不屑，毫不客气地说："我才得这么点奖金，等下次再说吧！"

可是到了下个月，他不仅没有拿到一分钱奖金，还因为没完成销售任务而被扣掉了部分工资。更让人奇怪的是，他的下属越来越懒散，老板对他也有了看法。

由此可见，当你在工作中做出一些成就时，千万要记得别独享荣耀，否则这份荣耀就会给你带来人际关系上的危机。功劳的确可以凝聚别人羡慕的目光，可以给自己带来很大的成就感，但是只想把功劳一个人占尽，企图让光环仅围绕自己一个人转，那就不仅仅是情商低，而且是愚蠢了。

独自贪功就是抢别人的好处，这不仅会给自己带来许多坏处，甚至会引火烧身，激起公愤，最终害人害己。谨记这个忠告，你会受益无穷。工作上取得了成绩，升职了，加薪了，不妨和同事们庆祝一番，对老板说声"谢谢"，对下属的配合与支持表示真诚的感谢，甚至是那些嘲笑过你的人，也要因为他们给了你前进的动力而对其表示感谢，让大家与你分享快乐。这样，身边的人才会扶持着你走向更高的位置。因为你给自己带来荣誉的同时，也给他们带来了荣誉。你主动把荣誉馈赠给了别人，别人也会反过来维护你和支持你。

荣誉面前，不要总想着自己，应该把它拿出来与别人一起分享。当你看到别人脸上洋溢的笑容时，你会体会到，其实与别人分享幸福比自己占有幸福更幸福。

香港商业巨子李嘉诚说："我觉得顾及对方的利益是最重要的，不能把目光仅仅局限在自己的利益上，两者是相辅相成的，舍得让利，让对方得利，最终还是会给自己带来较大的利益。占小便宜的人不会有朋友，这是我小的时候母亲就告诉我的道理，经商也是这样。"

无论身处什么职位，无论你做出了多大的成就，永远不要自己独享利益，那是眼光狭隘者所做的事，也是做人低情商的表现。并不是所有的事情都是狭路相逢勇者胜，在恰当时机懂得与人分享，可以让大家都得到利益，最后自己也会戴上赢家的桂冠！

在职场里打拼，一定要记住，千万不能独享荣耀，否则，终有一天你会独吞苦果。

同理心，给别人想要的东西

在与别人的交往中，如果有人能够很好地体谅我们的感情和心情，我们就会不自觉地对他们产生一种好感，觉得他们非常亲切、贴心。这些善解人意的能力，在心理学上，有一个专属名词——同理心。

当我们说一个人情商高的时候，往往是指这个人具有同理心，他能够照顾到其他人的感受，并能做出他人预期的回应。所以，大家都喜欢和他相处，并且和这样的人相处起来很舒坦。与高情商者不同，许多低情商者关注自己胜于一切，因为他们不具有同理心。

同理心的最高境界不在于你说了什么，或者做了什么，而在于你能满足对方的需求。一个痛哭的人，此时最需要的可能不是建议，也不要你理解他的情绪，他需要的仅仅是可以哭诉的环境、陪伴和纸巾。

一次，小张组织了一次高中同学聚会。大家有五年多没有见面了，彼此都很热情，那些曾经的同桌和玩伴，你一言我一语，回忆起过去的趣事，把酒言欢，甚是热闹。

只有小何一个人坐在角落里，显出几分落寞，热烈的气氛并没有影响到她，被这气氛一衬托，她反倒显得更加孤独了。

小何并非不想融入大家，也不是因人缘差而遭到嫌弃，而是因为她性格比较内向，无论她说什么、做什么，都显得与这个聚会格格不入。小张发现这一幕后，灵机一动，对大家说："大家静一下，咱们来做一个游戏吧，我背过身数数，大家传这个话筒，当停止数数时，谁接到话筒谁就唱一首歌，怎么样？"

他知道小何喜欢唱歌，而且唱得不错，所以特意为她设了这个"局"。当话筒传到小何手里时，小张正好停止数数。于是，大家纷纷起哄，让小何唱歌。

小何脸红了，但还是鼓起勇气唱了一首她最擅长的歌，赢得了阵阵掌声。唱完后，大家纷纷喝彩，让她再来一首，就这样，小何很快融入了热闹的氛围中，之前落寞的表情也随即消失了。

这场聚会后，有人问小张是不是故意这么做的。小张笑着说："我很了解小何，她是一个很有才华但缺乏自信和表现欲的女孩。我这么做，不过是给她一个舞台展现自己。因为我了解，在群体里落单的滋味是很难受的。"

在这个故事中，小张能了解别人的心理，懂得照顾别人的感受，善于在场面上调节气氛，缓解尴尬，并且能给予别人肯定和鼓励。这都体现了他过人的情商与同理心。

许多人可能把同理心和同情心混为一谈，其实二者是截然不同的概念。同情心指自己对其他人或事物有悲天悯人的情感，甚至愿意竭尽所能地去帮助自己所同情的人或事物。比如，看到马路上有只流浪狗，你可能会拿食物给它吃，这是"同情心"的表现。而同理心是将心比心、感同身受，由自己内心出发去了解他人的心理，然后做出回应。所以有人会说，当我们需要被理解时，我们需要的是一颗同理心，而不是一颗同情心。

那如何培养自己的同理心呢？

一、积极倾听

在他人讲话的时候，要全神贯注不打断他们的讲话，不进行任何价值判断，但是可以有适当的反应，如点头、眼神示意，使用"嗯""接下来呢"等鼓励性的言语表示自己的关注和专心。

二、换位思考

设身处地，把自己设想成与自己正在交流的人，用他们的眼睛和头脑去感知和体验内心和外部的世界。

三、信息整理

在沟通过程中，要同步进行信息整理，并适时回到自己的世界中，借助自身的经验，对交流者的讲述进行整理，以进一步理解他们，在沟通中还要同时用言语和非言语行为做出反应。

四、共情体验

留意对方的反馈信息，可以通过他们的表情、言语、动作进行观察，判断对方是否认可自己的反馈，必要时可以直接询问对方，是否感到自己被理解了。

所以说，同理心并不只是为了理解别人，也是为了自己能够获得他人的理解。保持同理心，做个善解人意的高手，人生之路才会越走越宽。

第十章

不要为了合群，逼自己做"烂好人"

你所在的圈子，决定了你是个什么样的人！要想被接纳，要想和人并驾齐驱，首先你得摒弃一切杂念，努力成为一个品性上乘的人。千万不要为了合群，逼自己去做一个"烂好人"，只有把自己经营好了，才是真本事。

跳出朋友圈看格局，是另一番气象

所谓圈子、人脉，都只是人品、能力的衍生品。你只有到了那个层次，才会有相应的圈子，而不是相反。一个高情商的人不会在小圈子里打转，更不会厚着脸皮去高攀别人。

人的眼光都是向上看的，我们总是希望自己能更上一个新台阶，所以才会想去融入比我们更厉害的圈子。但是融入一个圈子，是不能单靠"挤"的，即便是身体强行位列其中，但是情商、能力不能与圈内人旗鼓相当，就没有持续性可言，这样的"挤进去"又有何意义？那迟早还是要被"挤出来"。

有一个中年人，在一家单位工作了十几年，后来辞职下海了。功成名就，回过头来，再与昔日那些老同事交往时，不免感慨道："和大家一见面聊个三言两语，马上就觉得对方怎么这么封闭、愚昧呢？"后来，有人告诉他："你原来也是那样，现在出来了才知道自己原来活得那么小气。"

"对啊！每个人多多少少都生活在一种框架和幻觉之中吧！"他若有所悟。

说框架也好，说幻觉也罢，其实就是一种格局。许多人都有过像上面故事中那位朋友一样的感受：自己的圈子变了，环境变了，回过头来审视过去的自己，发现自己原来活得是另一番模样。

　　格局，"格"是特指人格，人品要正，不能走偏，做人要有尊严，不可猥琐；"局"是心胸，心中的开阔局面，类似于远景、理想、前途之类。格与局结合在一起，即指对局势、态势的理解和把握。也就是一个人对当前事物的把握，以及对其未来变化趋势的认知程度。

　　男人有了格局，就不会再疲软得如耽于玩乐不思进取的刘阿斗，纵千万人也扶不起来。女人有了格局，更会赢得千万人的瞩目。但在现实生活中，有格局的男人少，有格局的女人也不多见，这还需要慢慢地积淀。

　　一个人要改变自己的格局，必须学会跳出朋友圈看格局，怎么看？有两个逻辑要明白：

　　逻辑一：你是什么人，就会和什么人在一起。

　　昔年有冯仑、王功权、刘军、王启富、易小迪及潘石屹六人，传说六人意气相投，后啸聚而起，创建海南万通。此后六人各成一方霸主，江湖人称"万通六君子"。再比如，优衣库创始人柳井正和软件银行集团董事长孙正义，两人关系很好，经常在一起玩高尔夫球。好多人想加入进来，可他俩偏不带人家，让人好不烦恼。

这就是圈子，就是有钱人的格局。我是老实人，就要找老实人玩，大家趣味相投嘛。

逻辑二：与什么人在一起，就会成为什么人。

为什么有人削尖了脑袋也要混高端的人脉圈子？因为接近什么样的人，就容易走上什么样的路，所谓物以类聚，人以群分。牌友只会催你打牌，酒友只会劝你干杯，靠谱的人却会教你如何取得进步！人最大的运气，不是捡钱，也不是中奖，而是有人可以鼓励你、指引你、帮助你。所以，限制你发展的，往往不是智商和学历，而是你所处的生活圈子、工作圈子。

所以，你要时不时地跳出身边的圈子来看圈子，来看自己。看一个人，要看他的朋友圈，看一件事，要看是谁在做。说白了，就是要透过他身边的圈子看他的格局，因为一个拥有大格局的人不可能长期混迹于低层次的圈子，一个没有格局或是格局很小的人，往往情商也不高，更不会做出大格局的事来。

有钱没钱，别总在小圈子里混

人类有人类的圈子，动物有动物的圈子，狼的圈子对人类最有启发价值。狼勇敢、坚韧、强大，它生活在狼圈里，经受与狼圈里所有的狼一样的考验，与所有的狼一样去战斗，像所有的狼一样保持不可侵犯的自由和独立性格。

其实，狼生存的环境是非常残酷的，狼没有很快的速度，也没有庞大的身躯，即使它唯一的武器——锋利的牙齿，也是绝大部分食肉动物都具有的。狼与众多的天敌进行着生与死的搏杀。

只有在狼圈里，你才会成为狼。为什么？因为不成为狼，你就在狼圈里混不下去，形势逼迫你提高自己的能力和水平，像狼一样思考，像狼一样勇敢，像狼一样智慧。

人也是一样，如果想发财，就必须站在富人堆里。穷人只有站在富人堆里，汲取他们致富的思想，比肩他们成功的状态，才能真正实现致富的目标。

阿里巴巴集团创始人马云曾说："沙滩上小的石头，可以捏在一起抗衡大企业。"而一位商人在《英才》杂志的采访中称："花20万元融入一个对自己有利的圈子很值得。"美国石油大亨洛克菲勒也曾说："我愿意付出比天底下得到其他本领更大的代价去获得与人相处的本领。"可见，良好的人际圈子和关系网络必然带来更多的机会。

克林顿在14岁的时候遇到肯尼迪总统，在肯尼迪总统的影响下逐渐进入美国上层的政治圈子，最终决定从政。

社会学有一个概念叫"社会资本"，就是人们在社会网络中所处的位置给他们带来的资源。社会资本就像货币，是被用来投资获利的一种关系资源。

　　和什么人在一起，这是非常重要的。一位哲人说得好："告诉我你的朋友是谁，我便知道你是哪一种人。"如果一个人与比尔·盖茨握过手，他一定会把握手的照片放在显著位置，恰到好处地让人看见。因为能和杰出人物在一起，他自己的形象也大大提升。

　　富豪们之所以要打高尔夫球，并不完全是为了放松身心，而是因为高尔夫球俱乐部常常是富人的俱乐部，处在那个圈子里，有更多的信息可以交流，更多的感情可以联络。

　　所以，高情商的人都明白这样一个道理：始终在水平低下的圈子里混，很难混出一片天地，加入高水平人组成的圈子，即使开始时可能会吃亏，会遇到挫折，但是由于每个人都拥有强大的生存、处世能力，有更好的资源，并且相互之间能予以帮助，最终大家会实现多赢。

你不优秀，认识谁都没用

　　有句话叫"君子之交淡如水"。真正高情商的人都会跟人保持一定距离，他们认为，这样可以保持自己"若隐若现"的神秘感。因为人性都有弱点：当你过多暴露自己的时候，别人容易抓住你的弱点，这些弱点往往会成为别人手中的把柄。

尤其是那些平日里称兄道弟的朋友，在酒桌上看起来够哥们儿，而当涉及利益的时候却各奔东西……高情商的人已经看透，所以宁愿保持"孤独"的本色，也不愿去经营没用的人脉。

在人际交往中，最忌讳的是拿出自己的全部家当去讨好看似比自己牛的人，如果你不牛，一切都免谈。不要以为认识几个朋友，加几个微信、QQ好友，你就有人脉。如果你与对方不是一个层级的人，你们是很难做朋友，很难在一起推心置腹地交流的。

黄先生做建材生意多年，积攒了不少人脉。起初，全国各地到处跑，不是做业务，就是忙着参会。每年，各地都会举行一些行业会议、论坛、讲座，基本是给钱就能参加。他也是听不少朋友说：现在做生意要靠人脉，多认识一些行业内的朋友，绝对没有错。因此，他花了不少钱，用他的话说，那叫"公关费"。

每到一处，他都与人交谈甚欢，很是投缘，末了还要拼了命地给人发名片、留电话，让人"照顾"自己的生意，对方也是满口答应"没问题"。好几次，他还有缘与行业内大人物合影，并将合影照放大后挂在办公室墙上，让客户见证他的人脉广大。

有次，黄先生经营出现了一些困难，想到了不少"大人物"。于是，给他们长长地发去一条条短信，没回！又一个一个打电话过去，"你是谁？""没空！""不好意思！"黄先生的挫败感油然而生。

你认识谁很重要，但你是否优秀才是关键。只有资源平等，才能互相帮助。不是说前天你和 A 握了手，昨天 B 加了你的微信，今天你留了 C 的电话，你就获得了人脉。脉，是脉络，财脉，每个人只有成为他人财脉上的一环，双方才能产生利益交汇点，才有可能建立合作。

大家萍水相逢，话上虽很投机，但你是做牛皮生意的，我是帮人吹牛皮的，看似都干"牛皮"这个行当，却八竿子打不着，此牛皮非彼牛皮。行业不同，地位不对等，资源不能共享，怎么谈合作？怎么论人脉？喝杯茶，唠唠嗑，吹吹牛还差不多。

结交人脉是重要，但必须有一个前提，你自己得有实力；没实力，至少得有情商，不能让人一眼看穿你是个"假大空"。我们说这个人混得好，广结人缘，一定是他实力在那摆着，有过人的高情商。况且你优不优秀，有没有实力，情商如何，别人是能感觉出来的。有些人见了面就爱吹，认识这个，认识那个，这也在行，那也不差，生怕别人觉得他"不行"——潜意识还是认为实力决定人脉，要不就没必要吹牛了。本身有实力的人，不会靠吹牛来刷存在感，我有多少员工，有几条生产线，有多少产业，带你看就是了。

所以,不要盲目地混人脉,除了要放弃那些无用的社交,还要学会让自己变得优秀。你若是个"低矮矬",人脉也是不值钱的。值钱的人脉,不是追求来的,而是吸引来的。比如,有些人为了交朋友,连回家吃饭的时间都没有。自己没有硬本事,吃喝时朋友围着一大圈,用人的时候,却都像躲瘟疫一样离他而去。如果你很牛,连吃饭都不用埋单,想请你的人还要排队呢。就是求人办事,也不必张口,定会有人为你忙前跑后,有大事哪还会缺帮手?可见,人脉管不管用,说到底还是取决于实力。实力不够,认识再牛的人也没有用。

　　当你还不够优秀、不够强大时,就要老老实实地学习,不断提升自己,有时间多读读书,多充充电,放弃那些无用的社交。长了本事,世界才会变得更大。人脉的基础是你的"利用价值",你的利用价值越大,交到的朋友必然越多、越靠谱。

聆听自己的内心,拒绝盲目"合群"

　　人脉管理这件事,让很多人认为:不合群的人属于"情商低"的范畴。其实,每个人都有不想和别人相处的时候。

一次，老白参加一个新媒体大会。到了现场才发现，来的嘉宾寥寥无几，而且大都准备不足，发言的内容毫无亮点，场面多少有点尴尬。其中有不少人发完言之后，就直接离场了。

老白身边的一位大叔有些不解，他对老白说："大家都觉得这会没啥意思，就这么走了，的确情商挺低的。大伙儿还都在这坐着呢。"在走的人当中，有一位刚好和老白比较熟悉，晚上散会回到家，那人和老白说，觉得会议没重点，还不如回家看会儿足球，坐着也是浪费时间。半路离场这件事情，在旁人看来，可能是情商不够高，没有给予足够的尊重。但对自己而言，可能只是选择了自己认为更重要的事情去完成。

可见，"不合群"不该成为一种标签，它其实是一种选择。"不合群"可以被分为两种，一种是被动的不合群，在日常生活中的状态叫作"孤独"；另外一种是主动的不合群，这种状态叫作"独处"。

其实，努力合群和做自己都需要付出代价。你想要合群，就需要刻意迎合，付出努力；你想做自己，就要遭受不理解，甚至忍受误解。没有哪个选择可以不计后果和代价，但不同的是，前者容易受伤，也容易获得他人的认可；后者容易受伤，也更容易做自己。

有的人以为，合群就等同于人脉，就是去钻研人际关系。但其实，很多刻意的合群，大都是无效的社交。尤其是一些初入职场的年轻人，他们认为多认识一些人，多个朋友多条路，少个敌人少堵墙。随着阅历的丰富，我们会逐渐发现，与其把时间浪费在这些无效社交上，不如多投入一点时间在自己身上，用暂时没有真正朋友的时间，去完善自己的能力，待到时机成熟，人脉不请自来。

　　许多时候，优秀的人并不合群。因为他们大多拥有独立思考的能力，知道自己想要的是什么，也清楚自己的人生方向，能够在独处的时间和空间里，自由又有计划地安排自己的时间，从而内心笃定地去做自己。

　　这里说的"不合群"，不是桀骜不驯，更不是狂妄自大，而是在支持他人生活模式的同时，保有自己的思想，是一种高情商的体现。

　　一个优秀的人不但能在群体中保持清醒，更有自己的思想，也更能耐得住寂寞。他们并非生活在世界的边缘，只是有一个属于自己的小世界，在这个世界里静静地思考，不断地成就自我，逐渐向着理想迈进。

　　喜欢和讨厌，合群和不合群都不一定是对的，更没有标准答案，而是生存所需，所以要告诉自己：当我们被别人讨厌时，无论别人讨厌的是我们这个人还是我们的生活方式，都没关系，不要因为别人讨厌就降低自信，抹杀自己的价值。

蔡康永说："来自别人的讨厌或鄙视往往没有理性的依据，只不过是对方的选择。"因此，一定要把注意力放在自己身上，提升自己的素养，甘于寂寞。当你承认并接受"成长是注定孤独的旅程"的时候，就能从容地面对不被喜欢和不合群这件事，然后我行我素，一往无前地走下去。

《乌合之众》里有段话说：人一旦到了群体之中，智力就严重下降，为了获得所谓的认同，愿意抛弃是非观念，用智商去换那份让人感到安全的归属感。希望还在"努力合群"的你能够领悟其中的道理。

小圈子看人情，大圈子看能力

中国人讲究人情、面子，既然讲人情与面子，那没有圈子怎么行？这似乎是一个约定俗成的看法，但常常忽略了一个更为重要的常识：圈子大不代表能力大，圈子多不表示本事多。事实上，关于进圈子、搞关系就能成功的传说往往只是传说，很多时候是臆造出来的幻象而已。某种意义上，尽管绝大多数人不愿意承认，所谓的"圈子"，很多时候是一种"交换关系"。如果自己拥有的资源不够多、本事不够大，身处的"圈子"就会慢慢消失。

所以，人情也是有局限的。如果突破小圈子，拥有更大的天地，人情与面子往往就不好使了。

有个小伙子，学历不高，平时的工作就是在工地搬砖。他的一位表哥学业有成，从美国留学回来，在上海创办了一家公司。他打小与表哥一起玩大，看在这个情面上，表哥让他进了自己的公司。可他觉得自己是老板的半个亲戚，能力欠缺还不好好学，整天摆架子。表哥看不下去，于是又把他送回了老家。

如果说情面有用，那也只适用于小圈子里。在小圈子里，你帮我一把，我帮你一把，有来有往，大家都会互留情面。但想做成一点事，想有更大的天地，就要靠能力去赢得别人的信任。

有这样一个故事：

一位刚创业的年轻人在北京寻找投资方，碰巧在某大学听了刘教授的一个讲座。他非常喜欢刘教授的讲座，于是就想趁着假期，专门去拜访刘教授。但是，对方不认识他，更没把他当回事。

有一天，他正在逛商店的时候，看见刘教授也在商店里购物，于是，他热情地走上前去，又是嘘寒问暖，又是帮忙拎东西。趁着这个机会，向刘教授表达了自己来北京的想法。刘教授挺欣赏这个年轻人，觉得他有想法，有闯劲儿，对他表示鼓励。

几个月后，他又带着创业方案拜访了刘教授。刘教授给他提了不少建议，并且承诺，下次办讲座时他可以免费去听。后来，他在刘教授的讲座上，认识了许多企业家，在刘教授的引荐下，他很快就与一家企业建立了合作。

也许你会说，这位年轻人的成功之处在于结识了刘教授这个关键人物，并建立起良好的个人关系。其实，他能获得刘教授的赏识，是因为他的能力。你若资历平平，没有半点出彩之处，教授凭什么赏识你？

所以，把更多的精力放在提升自己上更靠谱。不长点真本事，不出点真成果，一个劲儿只搞关系，钻圈子，结果必然是身在圈子也难以立足。

你是什么样的人，就会吸引什么样的圈子。自己优秀了，那些优秀的人才会自然而然地来结交；自己成功了，才能真正融入成功人的群体。高质量的群体形成往往源于个人魅力、人格、品德、才学的互相吸引。

集中精力改变那些能够改变的，而把那些不能改变的留给时间，这大概是最实用的人生智慧。所以，专心打理自己，把自己塑造成一个优秀的人，一个有价值的人，一个独立的人，比什么都重要。

弱关系多了，真朋友就少

一生中，你见过的、认识的牛人可能很多，但真正和你有关系的又有几人？经常有人会说，他的战友是哪个企业的老板，他的好朋友在哪里经商，他的同学和马云是什么关系……可是跟他有多大关系呢？

许多时候，我们总是以在哪个群、认识谁为荣，其实，你可以以别人为榜样，学习他们的优秀之处，努力成为他们那样的人；但是如果你不能拿出成绩和你认为的"大咖"平起平坐，你永远都会是那个去合影的，而不是被合影的。

有一个小伙子，微信里有上千好友，是个货真价实的交友达人。凡是在酒桌上、会场上、歌厅里、茶馆里、地铁里、公交车上、小区门口、菜摊等各种场合与他有过一面之交的人，他全都加为好友。有事没事，总会讲这些"朋友"的故事："这哥们儿是北京的，×××娱乐城老大；这哥们儿是做大买卖的，本地房产行业头牌；这爷们儿了不得，家产几个亿……"每天几乎机不离手，一天要发好几十条朋友圈，与他的"好朋友"们谈工作，谈生活，谈理想，谈吃喝，谈国际大势……

他经常盛情邀请微信里的朋友："兄弟，没事来玩呀，我一定陪吃陪喝陪玩陪……"微信里的朋友也经常向他发出诚挚的邀请："哥们儿，没事也到我这里玩玩呀，我一定请你吃本地的特色菜……"

有一天，他真的到苏州出差，想起微信里那个和他聊得投机，且经常邀请他去玩的苏州微友，便给对方发微信："兄弟，我到苏州了。"平日秒回的微友，一个小时后才回话："啊，真不巧，我刚到美国。"他用微信附近的人一搜索，哪里出国，明明就在附近几公里！上午，对方发微信朋友圈还说在公园健身呢！

见了谁都是朋友的人，谁也不把你当朋友。朋友也有真假，有亲疏远近。所以，人脉不求多，但一定要求精、求真。一个人的时间与精力都是有限的，不可能整天花大把的时间交朋友，去维系各种友情，如此，你靠什么去做工作、干事业？自己都活得不太像样，拿什么去争取、维持友情？

交朋友、混圈子，一定要把有限的精力分配到那些有价值的关系与朋友身上。即使是行业大佬，活得很风光，人脉看似一片繁荣，其实也没有你想象得那么好——在利益与名声面前，他们更要擦亮眼睛去辨别哪些人是真朋友，哪些是伪朋友。

朋友在精不在多。孟尝君门下食客三千，关键时候，能拼死相救的，也就只有那么一两个。所以，被你圈进朋友圈的朋友，不一定是你的真朋友——除了习惯相互"点赞"你们是否能共同面对"诗和远方"？

合不来？是你情商太低

世界上没有两片相同的叶子，自然也不会有两个性格完全相同的人。当有些人和自己的性格、爱好、生活观念不同，难免会产生与这人"合不来"的想法。

要增强自己的社会生存能力，必须把自己置于立体的人脉空间，广交朋友，这样才能领略各色人的情怀，与不同的人产生思想碰撞。否则，一旦"合得来"的人有朝一日"合不来"了，那岂不是无人可以交往了！

十年前，杨先生在一家租赁公司上班，关系网一片空白。每次开会，老板都会督促他"要多建立自己的联系网"。杨先生觉得没必要，反正不用天天与人打交道，动那些心思有啥用，每天守着自己的一亩三分地，不也过得很滋润吗。

一转眼十年过去了，小杨变成了老杨，朋友还是那些朋友，没有一个行业"大咖"，没有一个高层次的，除了酒友，就是牌友。圈子层次不够，整个人的格调也就被拉低了。社会人脉的匮乏，让他颇为感慨："以前不重视关系，也不想发展关系，只习惯与身边的朋友交往，结果，现在的交际圈越来越小，事情越来越不好办。"

一个人如果人际关系薄弱，应酬能力又不到家，那路走起来会很艰辛。俗话说："多一个朋友多一条路。"不论在什么行业，朋友多，关系广，总归是有好处的。有的人思想比较闭塞，生活的圈子也较窄，这会让他们在急速变化的社会中产生一种危机感：自己越来越孤立，逐渐跟不上时代。

许多人为人处世的情商比较低，只认老圈子、老交情，喜欢与老张喝酒，就不与老李喝，能与王五侃大山，就不和赵四谈心，把人际界限划得很清。结果，老关系逐渐变成"烂关系"，新关系变得"没关系"，两头得不到好处。

不同的人身上有不同的优缺点，大家合得来，意气相投，固然是好事。和别人合不来，要知道是自己的问题，还是对方的问题。如果是自己的问题，却意识不到，那你和谁都很难合得来，因为你的情商是硬伤。

所谓的"合得来"，也只是一个相对的概念。简单来说，就是大家在性格、品行、习惯、趣味等方面相娱相悦，哪怕是"臭味相投"。这种"合得来"没有功利性，也不会因为双方身份和地位不同而发生变化，完全是出于感情与精神的需要。在他们的潜意识中，凡是不符合自己交往标准的人，在心理上都是排斥的。这种处世方式带有很明显的书生气，自以为自己清高、有境界，结果只能是离群索居，被人孤立，处处吃亏。所以，在人际交往中，一定要转变观念，广交朋友。否则观念僵化、思想保守、圈子固定、人脉有限，是很难玩转人脉的。

再者，即使你与别人再"合得来"，相互之间也存在利益关系。人与人交往，本质上就是某种程度的利益交换，所以，不能总是用所谓的道德标准与主观好恶来评价一个人可不可交。人与人之间互有利益上的需求是再正常不过的事情。通过互利互惠、互通有无、取长补短、相互合作式的人际交往，可以办成一个人通常难以办成的事，这就是人脉的力量。

有些人经常自视清高，不与这样的人交往，不与那样的人交往，觉得自己有品位、有文化、有层次，怕与那些"不干净"的人交往玷污了自己的名声，总是想着如何让自己的圈子变成一片净土。金无足赤，人无完人。习惯以主观好恶评判一个人，则没有什么人可以交往了。以"合得来"与否作为人际交往的标准实在是一种偏误，为人处世，既要交合得来的朋友，也要能交合不来的朋友。

硬气做人，善良中要带些锋芒

俗话说：人善被人欺，马善被人骑。其实，别人欺负你，真的只是因为你心太软。你总说要做个好人，可是好人也要有自己的脾气才行。你可以做个好人，但是善良中要带些锋芒。有时，好人会得到别人的喜欢，但有时，好人也给别人提供了欺骗自己的机会。有时，善良会收到别人的夸赞，但有时，善良也给别人提供了利用自己的机会。所以，做人不能太软。你脾气好，别人就会越来越欺负你。相反，你有点脾气，别人才能尊重你。

做人不能太老实，要善于争取和保护自己的利益，策略有两种，一则是软，二则要硬，软的就是玩谋略，硬的就是要狠。多数时候，只会软是远远不够的，必须配之硬。但是，硬要硬得有情商。有些人做人非常硬气，轻易不会服软，而且无法容忍自己的失败，也不允许自己在他人面前丢面子，或者被人看不起。只要认准了一件事情，他们就会一条路走到黑，轻易不会回头，属于典型的不见黄河不死心的人。这样的硬，反倒是一种低情商，容易被人利用。高情商地表现自己的硬气，一定要做到有理、有利、有节。

A 女士是一家网站的总编。她在这家网站干了五年多，网站的点击量月月攀升，但是，当公司与她续约的时候，发生了一点不愉快。一年前，当她与网站谈判签订合同时，老板向她暗示：她做得还不够好，能与她续约，算是她走运。言外之意，不会给她加薪水。当她要求修改合同时，老板很不乐意，并指出她的工作仍然存在很多不足。A 女士想，既然你不想修改，那我也不签，没有一点妥协的余地，双方就这么耗着。眼看之前的合同要到期，老板终于答应修改合同，并给她加了薪。

这也是一些公司或个人惯用的手法：我先把你贬低三分，然后再开个价码。老实人沉不住气，往往会选择接受，而精明人会吃透对方的这一套，不会轻易妥协。如果对方一提条件你就答应，一张口就能把你唬住，想怎么捏你就怎么捏你，与其说你这个人太好说话，还不如说你这个人太好欺负。所以，老实人要记住一条：千万不要在一些事情上口是心非，成全了别人，委屈了自己。善良并不能感化所有人，有些人未必会对你的善意心存感恩，反而会认为你情商低，且智商也不太高。

做人，即使做个傻人，宁可让人看你活得没心没肺，也不要让人看你楚楚可怜、软弱可欺。做人硬气，不是要做个恶人，而是要做一个有原则的人，做一个是非分明的人，做一个不委屈自己的人。对你身边的人好一点，人品正一点，这个没有错，但是不能做"短好人""老好人"。否则，你得了便宜，别人会用"人品"绑架你："老实人怎么会占便宜啊？"你吃了亏，别人会忽悠你"吃亏是福"。为什么？就是因为做人不硬气。

所以，做人要硬气一点，不要一味说软话、办软事，该露锋芒时，要懂得耍点狠。你摆不出这种气场，没有这点魄力，很难树立起硬气的形象，想让人敬畏三分就很难。像生活中有些人老受欺负，结果"动一次粗"，"玩一次命"，别人就会另眼相看，不敢随意在人家身上找碴，就是这个道理。